中华历代家训集成

清卷：慎独则心安

石孝义 编著

河海大学出版社
HOHAI UNIVERSITY PRESS
·南京·

图书在版编目（CIP）数据

中华历代家训集成．清卷 ： 慎独则心安 / 石孝义编著．-- 南京 ： 河海大学出版社，2021.9
ISBN 978-7-5630-6694-0

Ⅰ．①中… Ⅱ．①石… Ⅲ．①家庭道德－中国－清代 Ⅳ．①B823.1

中国版本图书馆 CIP 数据核字（2020）第 271911 号

丛 书 名 / **中华历代家训集成**
书　　名 / **清卷：慎独则心安**
QING JUAN:SHEN DU ZE XIN'AN
书　　号 / ISBN 978-7-5630-6694-0
责任编辑 / 毛积孝
特约编辑 / 李　路　吴修丽
特约校对 / 董　瑞
装帧设计 / 秦　强
出版发行 / 河海大学出版社
地　　址 / 南京市西康路 1 号（邮编：210098）
电　　话 / （025）83737852（总编室）
/ （025）83722833（营销部）
经　　销 / 全国新华书店
印　　刷 / 三河市元兴印务有限公司
开　　本 / 660 毫米 ×960 毫米　1/16
印　　张 / 18.5
字　　数 / 224 千字
版　　次 / 2021 年 9 月第 1 版
印　　次 / 2021 年 9 月第 1 次印刷
定　　价 / 69.80 元

序

一

“家训”，也称“家令”“家诫”“家戒”，是古人对父母、祖上训诫子孙的一种尊称。学界认为，《商书·盘庚上》中的训辞是我国家训史上有文字记载的最早的一篇家训。但这时的“家训”二字的意义还比较模糊。较为清晰的家训形式的出现，应当说是西周的周公姬旦的《诫子伯禽》，这篇文字以“教子言行”的方式训诫其子伯禽谦虚谨慎、戒骄戒躁，实际上已经具备了家训最基本的元素。总的来说，先秦时期，家训还处于萌芽时期，这个时期的家训思想只是见于一些先秦古籍的记载中，没有出现独立成篇、有意为之的家训作品。在这些零散的记载中，尤其以帝王的庭训为最多，所以这一时期的家训形式带有极浓的国家政治色彩，“家”的概念还没有具体成型。

到了两汉时期，家训才慢慢地开始成型。“家训”一词最早出现于《后汉书·边让传》，蔡邕在向何进推举贤才边让时，说他“髫龀夙孤，不尽家训”。与“家训”同义的“诫子书”“家诫”一类的典籍形式主要也是在这一时期出现。据王长金考证，《艺文类聚》中引用《诫子书》《家诫》等有十多家，其中最早的有汉代刘向的《诫子歆书》，之后有张奂、司马徽、马援的《诫子书》等，“训”“诫”在当时已经作为独立的文体出现了。西周末年，国家分崩离析成大大小小的诸侯国、相互杀伐吞并，宗法制度崩坏，礼仪制度已无人遵循，这几百年间许多国家的存在如白驹过隙，匆匆而逝。这时，依靠血缘维系组成的社会最基本的“原子”——“家庭”“家族”，在乱世之中慢慢地凸显出来，并最终成为最坚固、最稳定的社会基本组成单位，并由此一直延续了几千年之久，成为华夏文明的一个突出的标志。林语堂在《吾国吾民》中说：“中国人只知有家不知有国。”这一语确实道破了中国社会的一个本质。此外，钱穆先生在《中国文化史导论》中对“家”的溯源是这样定义的：“中国古史上的王朝，便是由家族传袭。夏朝王统，传袭了四百多年，商朝王统传袭了五六百年。夏朝王统是父子相传的，商朝王统是兄弟相及的。”这表明中国古代的政治统治体系是“家”“国”合一的“家天下”式的，其中“国”是“家”在政治领域上的扩大和延伸，“家”是“国”的社会基本细胞。这是从正、反两个方向定义了“家”与“国”的关系。不管怎样，“家”是几千来年中国社会最稳固、连续、绵长的一个“原子”。钱穆认为“家族是中国文化一个最主要的柱石”，他甚至说：“中国文化全部都从家族观念上筑起。先有家族观念乃有人道观念，先有人道观念乃有其他的一切。”再通俗一些讲，即儒家经典《大学》中提到的“古之欲明明德于天下者，先治其国；欲治其国者，先齐其家；欲齐其家者，先修其身；欲修其身者，先正其心”，也就是后世被奉为儒家经典八条目的“格物、致知、正心、诚意、修身、齐家、治国、平天下”的儒家修学次第。正是由此，从汉代将儒学奉为正统之后，中华文脉之中“齐家”的思想也逐渐成为一个坚定的符号存在下去，而如何齐其家，怎样使家齐，便也成了日后士大夫，隋唐之后儒生，再之后所有有责任心、使命感的国人一项坚定的使命，于是维系家族的昌盛，使家族源远流长，也便成了家训的一个清晰的目标与责任。

两汉时期的家训篇幅还比较短小，如刘邦《手敕太子》，全文不过两三百字，东方朔《诫子书》也只有百余字而已。但这时的家训明显已由先秦时期士大夫阶层对“国”的关注过渡到对“家”及“人”的关注，而且中心观点已逐渐清晰起来：一是为人处世，一是齐家守业。尤其是士大夫阶层的“整齐门内，提斯子孙”的思想更是凸显。比较典型的是司马谈的《命子迁》、马援的《诫兄子严敦书》。这里值得关注的是班昭的《女诫》，这部家训虽说只有两千零五十八个字，但在当时已属“鸿篇巨著”，而且体例完备，全书分卑弱、夫妇、敬慎、妇行、专心、曲从和叔妹七篇，卷首有自序。这部家训在当时已趋向于专著的模式，此外这部家训也是中国家训史上第一部针对女性书写的家训。除此之外，还有郑玄的《戒子益恩书》，这篇家书虽说只是一封家书，内容并不深刻，但作为儒学大家的郑玄，他的“介入”，无疑是将儒家的思想精华带入了家训之中，由此影响了后世儒生，并牢牢地将家训的形式、内容与儒家的思想紧紧相连。总的来说，汉代家训文章篇幅短小，主要采用的形式有家书、遗令或遗书等，在表达上情真意切、通俗易懂。汉代家训在家训史上属于一个发展的时期。

到魏晋南北朝时期，在数量上较之汉代有了突飞猛进的增加。据相关统计，这时期家训作品达二百多篇，无论是内容还是文体都开始趋于成熟，而且呈现百花齐放的态势。像以家书形式出现的家训有：王脩的《诫子书》、羊祜的《诫子书》等；以遗令、遗嘱形式出现的家训有：曹操的《遗令》、刘备《遗诏敕后主》、向朗的《诫子遗言》等；以歌咏形式出现的家训有：傅昭的《处世悬镜》等。而在思想内容上，两汉时期“以儒家思想观念作为立身处世原则，以儒家重要经典作为理论依据，以圣贤作为道德典范与行为楷模”的单一、简短的思想内容已经向多角度、广深度的内容发展，如在体裁上具有散文性质的颜延之的《庭诰》、嵇康的《家诫》等家训的出现，使之前的理性、坚硬的文体形式具有了感性、柔软的一面。这两篇作品的写作背景极其相似，嵇康的《家诫》是在他被绑赴法场前写给儿子的肺腑之言；《庭诰》则是颜延之在二次免官之后，居住在建康（今南京）长干里颜家巷时内心郁积时而作。这二人都是放诞任达、龙性难驯的性格，都不甘与浊世同流合污，然而又深知世道的险恶，生活当中随处潜伏着杀机，所以他们不希望子弟学他们的模样，成为狂狷之人，所以作此家训以警示后人。所以说，此时的家训内容已由先秦、两汉时期相对模糊、率性、随意的写作状态进到了“自觉”的写作状态，这时的家训更为丰富、深刻，也充分地说明了家训发展至此，有了从内容到文体、从思想到形式的全面发展。这样也是为魏晋后期北齐颜之推的《颜氏家训》的出现奠定了思想与内容上的基础。《颜氏家训》被称为“家训之祖”，全书共有七卷，分为二十类，包括修身、齐家、治学、为人、处事、任官之道等方面的内容。其思想以儒家为宗，体例夹叙夹议，其训诫对象亦不仅限于一人一事，而是针对全家及后世子孙而言。由于《颜氏家训》的内容广泛、体例完备、思想深远，这些都远超此前的历代家训，所以对后世的影响极为深远。此外，这一时期比较著名的还有诸葛亮的两篇家书《诫子书》《诫外甥书》，这两篇家书，不仅展现出了家训内容的深刻，也折射出作者高尚而儒雅的文人气质，更是诞生了若干千古名句，像“静以修身，俭以养德”“非澹泊无以明志，非宁静无以致远”。

另外，魏晋南北朝时期的家训还有一个独特的产生背景。这个时期是我国历史上大震荡和大裂变的时期，动荡与杀戮几乎充斥了整个魏晋南北朝时期。许多有识之士从自身的经历和感受出发，立足于“保宗兴族，不辱先祖”的目的而对后代、族人提出各自的训诫，这也是这一时期家训产生的一个重要原因。此外，在选官机制上，这时期仍然注重道德与操行的选拔，一些世家大族为提高家族在政权中的影响和地位，一些普通家族为步入仕宦通途，都力图保持仁、义、忠、孝的美誉。于是他们将这些诉诸文字，以较为通俗易懂的方式，或作书、或书诫、或为训，以此教谕子孙后代，规范他们的思想和行为。其次，就深层原因看，魏晋南北朝已进入我国古代家族文化建设的相对自觉阶段。所以，建设家族文化，增强家族凝聚力，越发显得必要和迫切。人们在保全门户观念的规约下，主动地以儒家文化价值观念为依托，整合现实的社会价值观念，施教于门户之内，自觉地进行家族文化建设。正如钱穆先生所说："当时门第观念的共同理想，所期望门第中人，上自贤父兄，下至佳子弟，不外两大要目：一则希望其能具孝友之内行；一则希望其能有经籍文史学业之修养……其前一项之表现则成为家风，后项之表现则成为家学。"所以家风作为这一时期家族文化建设的一大内容，直接促成了家训数量的猛增。而这一时期，一些比较有代表性的家训作品大都出自这些门阀大族中的精英子弟之手。如出自"琅邪王氏"家族的王祥、王僧虔；出自"太原王氏"家族的王昶；出自汉魏名门士族的羊祜；出自"顺阳范氏"家族的范晔；出自"弘农杨氏"家族的杨椿等。这不能不说，魏晋南北朝时期，士族精英子弟在有关家族文化建设上的主动性与奉献精神较之各代更为鲜明而无私，期望也更为迫切，所以这时期的家训作品也较之前代更具有深刻性与普遍性。

唐代，是我国封建社会政治、经济、文化高度发展的时期，它结束了从魏晋南北朝以来的连年战争，重新完成了大一统的局面。这时士族阶层也发生了变化，由于科举制度的兴起，选才制度的更新，从此士族阶层不再独占文化上的优势，并将文化逐渐传递给了社会其他各阶层，而家训在此之前因为历经千余年，已经有了极其丰富的积累，所以到了唐代，家训的创作便呈现出日益完备日趋成熟的特色。尤其是儒家纲常伦理思想更是通过各种途径深入家庭、宗族之中。在内容上也随着家训观念的成熟而臻于完善，而其中教诫的内容更是多方面的，并不像魏晋、六朝时期专注于某一个或两个具体的问题。唐代家训的内容可以说涉及人生与社会的各个领域，几乎无不涉及，如：日常的洒扫庭院、应对进退、待人接物、爱亲敬长、尊师重道、衣冠服饰、言行步履、读书作文、修身齐家，以至治国平天下。

关于唐代家训的主核是否依然传承自汉代以来“儒家学说”一以贯之的局面，学术界曾有过不同的声音，国学大师梁启超就曾说过：“六朝隋唐数百年中志高行洁、学渊识拔之士，悉相率而入于佛教之范围。”学术界或许如此，但从唐代家训的考察中发现，家训的思想内容却并非如此，这一时期几乎所有家训的篇章依旧深深浸润着儒家的伦理道德观念。首先从士大夫阶层来说，像李翱的《寄从弟正辞书》、李华的《与外孙崔氏二孩书》、柳玭的《柳氏家书》，这些家训作品中或明或暗地都传递着儒家的伦理思想。出自社会底层的《太公家教》也是如此。而来自统治阶层的代表，像李世民的《帝范》、李治的《诫滕王元婴书》，也无不以儒家的思想为基础进行有的放矢的阐发。而产生这样结果的原因，其中最重要的一条无疑是如学者刘宏斌所说的，“隋唐以后的科举考试把这种尊一罢百的局面推向顶峰，使家庭教育的内容成为彻头彻尾的儒学说教”。另外，家训最基本的功能就是伦理的教化功能，它所要达到的目标就是家族子弟通过道德等方面的修养而达到个人的自律和家庭的和睦。只有个人修养和个人道德行为自觉程度的提高，才能更好地调适个人与他人、个人与社会之间的关系；只有家风的整齐和家庭成员各种关系的和谐，才能实现社会各个细胞组织的和谐有序发展，以此为社会的整体平衡与稳定发展提供条件。而这一目标无论于国于家来说都是符合他们的利益要求的，所以对于家族的治乱与国家的兴衰来说，这是一而二、二而一的事，而家训便自然而然地承载了儒家的入世思想的内核，所以上至皇族，中至士大夫，下至贫民，儒家的伦理观成为他们共同遵循的思想观念。

这时期比较有名的家训作品有：柳玭的《柳氏家书》、李恕的《诫子拾遗》和另一位女性作者宋若莘创作的《女论语》。还有一部极具黑色幽默趣味的家训，值得一提，那便是于义方的《黑心符》。这篇揭露批评家庭主妇“暴虐、乱道”的家训，可以说是家训中的另类。此外唐代家训中还有两篇特例作品需要介绍一下，这两篇家训都是中国古代家训中的名篇，同时作品也都吻合了盛唐大气磅礴的气势，而独特之处在于它们摆脱了自先秦以来家训主题谆谆于修身的叮咛，而另辟蹊径，一个是教儿子如何做皇帝，一个是教儿子如何做宰相，这两篇作品便是唐太宗李世民的《帝范》和唐中宗时宰相苏瓌的《中枢龟镜》。《帝范》一书共分十二篇，另有《序》和《跋》。在《序》中唐太宗讲述了自己这篇文章的创作动机，是太子李治因年幼“未辨君臣之礼节，不知稼穑之艰难”，自己“每思此为忧”，“所以披镜前踪，博览史籍，聚其要言以为近诫云耳”。作为我国历史上第一部系统化的帝王家训，《帝范》对后世影响很大，不但为历代有识之君所关注，也为普通士子所欣赏。而《中枢龟镜》这部家训是唐中宗时期宰相苏瓌在相位时，认为自己的儿子苏颋颇有宰相之才，所以他处处以宰相的标准对儿子加以培养，并结合自己的为政经验，前后编选出二十七条训诫加以警示。内中阐述为官的道德原则，传授仕宦的哲学，曲折地反映了当时官场的复杂现实。所以这部作品极为后世的官宦所青睐，尤其是到了宋代，一时朝中高官相互传抄，被定义为“宰相事业之书”，这在中国古代家训大观中也属独特的一类。与盛唐气象相对应，唐代家训的成熟还体现在文体结构上，较之汉魏六朝更为庞大，内容更为丰富。如李华的《与外孙崔氏二孩书》，文章虽不长，但却涉及遵家礼、勉学、谨行、顺亲等诸多方面的内容，这在汉魏六朝时期篇幅相当的家书中是相当少见的。而唐代像这样的家书还不在少数，如舒元舆的《贻诸弟砥石命并铭》、元稹的《诲侄等书》、李翱的《寄从弟正辞书》等，均可谓长篇的架构，由此可以看出唐代家训作者在家训观念上比汉魏、六朝时期的家训作者要更清晰，不再只就事论事，而是以多角度、多方面的视角对子孙阐述各种道理。

我国传统家训发轫于先秦，发展于汉魏六朝，成熟于隋唐，真正步入繁荣鼎盛时期是宋元明清时期。这一时期的家训数量空前，单据《中国丛书综录》所列的“家训”书目，就有几百种，而宋元明清几代竟然占了五分之四。回顾家训史的发展，我们发现，先秦时期的家训在思想内容上虽然面面俱到，但大都是一笔带过，没能充分展开。而到了汉魏六朝时期，那时的家训在思想内容上虽然较先秦时期要具体得多，但也仅仅停留在“治人”方面，至于“治家”，则较少涉及。到了唐代，这时期的家训在思想内容上不但重视“治人”，而且兼顾到了“治家”，但所论还比较单一，不够全面。到了宋元明清时期，则上述两个方面都得到了充分的发展，其中尤以“治家”方面更为突出，不仅出现了诸如《恒产琐言》《居家正本制用篇》《经锄堂杂志》等专门讨论居家理财类的专著，而且还出现了诸如《居家杂仪》《家礼》《郑氏规范》《家规辑略》及家谱中的家训等专谈家规、家仪类的专著或专篇，使我国传统家训的“治家”思想最终得以完善。另外，家训形式更加多样，家训专著大量涌现，蔚为盛观。专著产生了多种新体式，如家训集、家规、家仪、家书集、家训诗集等等，且各种书写形式也更加系统专业。其中，以专著形式出现的家训有：叶梦得的《石林家训》、陆游的《放翁家训》、范仲淹的《家训》、司马光的《家范》、袁采的《袁氏世范》、赵鼎的《家训笔录》、刘清之的《诫子通录》等；以书、信、铭、文、帖、诗歌的形式出现的家训有：苏洵的《安乐铭》、胡安国的《与子寅书》、朱熹的《与长子受之》、陈定宇的《陈定宇示子帖》、方孝孺的《幼仪杂箴》等。此外这个时期的家训作者中，出现了一种世代相袭，父子、子孙相继的家训创作局面，如宋代的范仲淹、范纯仁父子，元代的郑太和及其子嗣，明代袁黄一族，清代张英、张廷玉父子等，都有出色的家训传世。

宋元明清时期的家训在内容上还有区别于前代的一个突出特征，便是从劝勉为主的家训形式开始向惩戒方向发展。其中比较早的应该是范仲淹的《义庄规矩》、郑太和的《郑氏规范》、曹端的《家规辑略》，他们开始将“家法”“族规”一类的惩戒性的条例注入其中，使我国的传统家训自宋代以后逐渐走出了个人垄断时代，即由贵族家训时代转向了平民家训时代。因为，这类家训作品大多保存在当时家族的谍谱之中，而自宋代之后家族修订家谱的宗旨又发生了变化，家谱的形式变得更加丰富。在一部谍谱之中，除了记载有全家族的血缘关系图表、祠堂、族田、祖茔以及对家族历史相关的描述外，还有“全文刊载本族有史以来制订的各种家法族规、家训家范、祖宗训诫子孙的言论等”的文章，而将此类家规族训载入家谱的用意是便于读谱时向子孙宣讲，要求族人永远恪守，并使族长能依据此类家法来惩罚不服统治的族众。这样，随着家族的繁衍，大量的族规、训诫类的文字便流传下来，成了我国古代家训文献中庞大的一部分。据相关统计，中国现存家谱族谱光是中国内地就有28500余种，加上中国台湾、中国香港、日本和美国，共约42990种。当然，宋元之后家训因为搭乘了家谱这一载体，使家训这一超越个体的“贵族专用”文体“走入了寻常百姓家”，但数量的庞大并不代表质量的提升，在这类家训之中，训诫文字虽各族不同、名各有异，但其内容却基本千篇一律，一般都是讲诸如重纲常、祭先祖、孝父母、友兄弟、敬长上、睦邻里、严家法、节财用、戒恶癖、尚美德等事项的，其区别仅在于条款不齐、详略有差而已。这基本是在模仿，甚至抄袭。在上述提到的若干作品中也有类似的情况。所以说，宋元明清时期的家训作品在普及性之外真正的上乘作品还是主要产生于士大夫阶层的精英人群之中。

另外在宋元明清时期，家训的体例中还出现了一种叫“俗训”和“乡约”的形式，它所面向的对象不再是自己家庭或家族中的子弟，而是转向了整个社会。例如流传甚广的《袁氏世范》这部家训专著，貌似一部体例标准的家庭训诫，但实际情况是，这部书是作者袁采在担任乐清县令时为“厚人伦而美习俗”而专门撰定的，书名原题名为《训俗》。此外，在清人陈宏谋编著的《五种遗规》中，将《司马温公居家杂仪》《倪文节公经锄堂杂志》《朱柏庐劝言》等家训名篇合编在了《训俗遗规》中，这说明在陈宏谋的心中这些家训本身也具有训俗的功用。除《袁氏世范》外，其他比较著名的俗训类家训文献还有吕祖谦的《少仪外传》、吕本中的《童蒙训》、王结的《善俗要义》、吕得胜的《小儿语》、吕坤的《续小儿语》等。

此外，宋元以后统治阶层普世观增强，家训内容由最初只对皇家子弟的教诫，转变为在家训中注入化导天下思想的内容。如宋太宗的《戒皇属》、清世宗的《庭训格言》等帝训之作外，还有明仁孝文皇后撰写的《内训》。另外，这一时期统治阶层更加注重家训作品的流传与宣化作用。如清初的孝庄皇后就曾命大学士傅以渐撰写女训之作《内则衍义》，清世宗曾命蒋廷锡等编著了大型类书《古今图书集成》，其中的《家范典》和《闺媛典》就是专门性的家训类图书的集合，这种现象是宋以前所没有的。

到了清末，传延了几千年的家训形式，在西方文明与列强的坚船利炮的轰击下，也发生了变化。这时期的代表是晚清的一些洋务派，如林则徐、曾国藩、张之洞等人。他们将一些新的思想与灵活多变的生活态度融入其中，对子孙或是劝诫，或是勉励，但他们依旧坚守着儒家的伦理纲常与济世修身之道。

二

绵延了几千年的中国家训史，实际上就是一部华夏先人塑造中华民族理想人格的创造史。我们在浩如烟海的训诫、劝勉、箴规、铭文、书信、法约中，发现中华民族的理想人格实际早已悄然存于其中，只不过是以一种支离破碎的、若隐若现的方式存在。其内在的思想内容大致可分为以下几点：

孝养双亲。中华民族是一个讲究孝道的民族，“孝”之一字，几乎贯穿在每一篇家训之中。“且夫孝，始于事亲，中于事君，终于立身。”（司马谈《命子迁》）“孝敬则宗族安之，仁义则乡党重之。”（王昶《家戒》）由此可见，在古代以“修身、治国、齐家、平天下”的人生理想信念之下，其中枢是家与国，而在古代统治阶级来看，无论是家还是国，支撑其发展兴盛的基本信条是“孝”，因为不能孝亲而能忠君是不可能的，所以历代统治者都是大肆鼓吹以“孝”治天下，并由此将尽孝抬升至了精神信仰的高度，甚至凌驾于法律之上。

勤俭持家。齐家即治家，而治家的根本，古人认为就是勤劳与俭朴。遍观历代的家训，不论是官宦还是寒门，这四个字始终作为长者对子孙的谆谆教诲。“勤是无价之宝，学是明目神珠。”（佚名《太公家教》）“七诫我儿莫好奢，闲居勤俭度年华。”（黄峭《黄氏峭山公训子诗》）清代官吏、学者许汝霖《德星堂家订》针对当时的奢靡之风，分别规定了“宴会”“衣服”“嫁娶”“凶丧”“安葬”“祭祀”几个方面的礼节及标准。司马光认为治家之道应“制财用之节，量入以为出，……裁省冗费，禁止奢华”（《居家杂仪》）。勤与俭，在古人的思想中，与释、道的“福报”观紧密相连，古人认为每个人“生之为人”一生的“福报”是一定的，消费完了就消失了，所以平时要以“俭”来惜福，而勤则是创造福报的源泉，只有勤劳才会增加福报，并使之源源不绝。

矜惜名节。重名声，讲节操，倡导良好的家风，这是古代家训的一个鲜明特征。颜之推的《颜氏家训》开篇中述及写作家训的目的时，就谈到他家夙重家风的事，他说“吾家风教，素为整密”。尽管时代不同，门第、家境各异，但其基本内容无外乎要家人清白做人，自立自重，忠君爱国，宽柔慈厚等等。罗伦在《戒族人书》中说：“谓有好名节，与日月争光，与山岳争高，与霄垠争久，足以安国家，足以风四夷，足以奠苍生，足以垂后世。如汴宋欧阳修，如南渡之文丞相者是也。”有了一个好的名节，古人认为便可以与日月争光了，足以名垂后世，历代都把欧阳修、文天祥作为榜样楷模，足以见证这一点。

慎重交友。社会就像是一个大染坊，古今一同。“近朱者赤，近墨者黑”，所以，“与善人居，如入芝兰之室，久而与之俱化。与不善人居，如入鲍鱼之肆，久而不闻其臭矣。”（王结《善俗要义》）至于慎重交友，朱熹在《与长子受之》中就告诫儿子要交“敦厚忠信，能攻吾过”的“益友”，而不要交“谄谀轻薄，傲慢亵狎，导人为恶”的“损友”。不妄交友，便成了一种积极的保身避祸的手段。

谨言讷行。中国经历了漫长的两千余年的封建时代，君即是法，官即是律；强权政治，豪强府衙，构成了当时社会的普遍的黑暗与不平。而在这样的社会背景下，如何能保全自身？这种思维造就了中国古代文化的两条强有力的支脉——道家的无为避世，儒家的无为而为。实际上这些都是一种时代的无奈。而落实到现实当中，对于无权无钱的平民百姓，只有谨言慎行才可能生存下来、保护自己，久之便成了一种生存的智慧。明仁孝文皇后在《内训》中便这样叮嘱后代："修身莫切于谨言行，故次之以'慎言''谨行'。"一国之母尚且如此，一个平头百姓就更可想而知了。因而许多家训都一再叮嘱家人、子弟要谦恭谨慎，宽厚待人。张履祥说："子孙以忠信谨慎为先，切戒狷薄。不可顾目前之利而妄他日之害，不可用一时之势而贻数世之忧。"（《杨园先生全集·训子语》）真可谓经验之谈。

清廉自律。在历代的家训中很多都是从政为官者所写，所以在涉及为官之道时，便留下了诸如陶侃母"封鲊教子"之类诫子勿贪的感人故事。赵鼎《家训笔录》认为"凡在士宦，以廉勤为本"。对贪官疾恶如仇的包拯，在家训中甚至说"后世子孙仕官有犯赃滥者，不得放归本家，亡殁之后，不得葬于大茔之中"，并要人将此训刻在石上，以诏后世。

励志勉学。在家训中还有一部分是激励子弟勤奋学习，树立远大的志向、最终成就大器的家训。诸葛亮的《诫子书》在谈到志与学的辩证关系时说："非学无以广才，非志无以成学。"王守仁更是把立志当成是"培根"之学来加以重视，他在《立志说》中强调：

“学莫先于立志，志之不立，犹不种其根，而徒事培拥灌溉，劳苦无成。”此外还有一些家训的作者以自己的经验教训向子弟传授治学方法，培养他们从小立志勤奋好学。这其中较有名的如《颜氏家训》、叶梦得的《石林家训》、曾国藩的家书等等。

这七点品格在浩瀚的家训篇章中，只是几条主脉，有关家训传递出来的品格塑造还有许多，像持家中正、奉公无私、勤政爱民、善待乡里、体恤仆役、救危济困、淡泊功利……几千年来，这无数篇父与子、叔与侄、母与子、先祖对后辈的谆谆教诲之言，涉及了为人处事的方方面面，从一条血脉相连的亲情中传递出一种殷殷爱怜之心。久之，这条血脉凝成的训诫之舟终于造就出一方带有浓郁华夏文明标志的文化符号，影响着一代代家族的成长，激励或劝诫着一个个鲜明个体的健康成长。今天我们撷取其中的一部分，只是希望这朵盛开了几千年的华夏文化奇葩更加艳丽芬芳。

三

陈宏谋在《教女遗规序》中说：“天下无不可教之人，亦无可以不教之人。”从周至清，正是在无数像陈宏谋这样悲天悯人、兼爱济世的贤儒之士的推动下，才涌现出了无数放眼于子孙与家族的发展，将自己的人生阅历或读书心得凝聚于笔端的家训作品。陈宏谋当年在编著《五种遗规》时，有人不解他为什么将大量的时间都投入到了这件烦琐而枯燥的工作中，而陈宏谋却说：他们不知道，这才是真正值得做、有利于子孙千秋万代的一件有意义的事。在儒家的人生追求中，当命运遭遇“不达”时，往往会做两件事：一件是闭门著书，一件便是开门授徒。翻开宋元、明清学案，这样的例子比比皆是。甚至是荣禄在身的王阳明亦将自己的一半精力投入到了讲学上。“为天地立心，为生民立命，为往圣继绝学，为万世开太平！”宋儒张载的这段话无疑说出了千古儒家学人的一份责任与担当，他们认为人生最大的意义便是承担文化的传承与现实的移风易俗。

翻开一篇篇古代家训，这其中充分彰显着传承与移俗这两个鲜明的主题。我们看到历经千年，家训的著作者们，无论官商还是布衣，他们不厌其烦地叮咛子孙要勤奋读书，因为书中有他们希冀子孙承继的理想人格蕴含其中。明代著名谏臣杨继盛，在行刑前夜写给家人的书信中，没有一丝一毫对自身的顾念与恐惧，而是不住地叮嘱儿子如何做人，做一个怎样的人。希圣希贤，是儒家每一个读书人极力向往的一件事情。他们渴望能以身载道，成为一个完美的道德楷模。在他们眼里，名节操守要高于功名利禄，甚至是生命，正所谓“饿死事小，失节事大”。而移风易俗，是儒家弟子又一份难以推卸的责任。从家训中我们看到，历代读书人一直顽固地捍卫着儒家血统的清纯，他们在思想上排斥佛老、风水、卜筮等邪说，甚至是民风习俗也要加以矫正。在言行举止上他们全力惩息“人欲”，将一切带有私心的行为甚至是心念都剪除得干干净净。对待自己如此，对待子孙也是如此。在家训中我们看到，他们总是不厌其烦地对子孙进行着关于身行的诸多方面的规劝，并苦口婆心地勉励子弟做一个圣贤，以此光耀家族，并使家族能在历史的沉淘中尽量延续得更久远。这便是他们的苦心所在。几千年来，当这一篇篇凝结着百千先祖殷殷希望的训诫集结起来后，我们却发现它早已转化成了中华民族的一份文化遗产存留下来。这或许便是古人的初衷，也是我编著这套《中华历代家训集成》的初衷。

石孝义

2017 年 4 月 10 日于金德园、津门里完成初稿

2019 年 9 月 27 日于俟庐改毕

目录

庭训格言

爱新觉罗·玄烨

导读

《庭训格言》为胤祯称帝后，与诚亲王允祉等回忆其父康熙帝平素教诫他们诸皇子时的话语结集。全书共246则，为语录体，每则均以“训曰”起首，内容涉及为学、为君、处世、生活之道等。如关于读书，训诫中康熙告诫儿辈一定要用心读书，但读书又必须有所选择，当以《四书五经》为主。并强调读书一定要与实践结合起来，不能拘泥于书本。关于为人处世，康熙认为为人要有敬畏之心，以免为非。关于为君之道，康熙认为国君一定要知人善用，处事公正。其次，要做到以身作则，令行禁止。此外，虽贵为封建帝王，康熙帝还不忘对皇子进行生活常识教育。清代皇子教育之严，清人赵翼曾有记述，其曰：“本朝家法之严，即皇子读书一事，已迥绝千古。余内值时，届早班之期，率以五鼓入，时部院百官未有至者，惟内府苏喇数人（谓闲散白身人在内府供役者）往来。黑暗中残睡未醒，时复倚柱假寐，然已隐隐望见有白纱灯一点入隆宗门，则皇子进书房也。吾辈穷措大专恃读书为衣食者，尚不能早起，而天家金玉之体乃日日如是。既入书房，作诗文，每日均有程课，未刻毕，则又有满洲师傅教国书、习国语及骑射等事，薄暮始休。……然则我朝谕教之法，岂惟历代所无，即三代以上，亦所不及矣。”而我们从康熙《庭训格言》中亦可窥见一斑。不仅如此，由于此书“皆实录圣训所未及载者”，并且书中涉及有不少军国大事、朝章典故，因而具有很高的史料价值。所以四库馆臣评价说：“是编以圣人之笔记圣人之言，传述既得精微；又以圣人亲闻于圣人，授受尤为亲切。垂诸万世，固当与典谟训诰共昭法守矣。”

作者简介

爱新觉罗·玄烨（1654—1722），即清圣祖，年号康熙。康熙8岁即位，在位达60余年，一生曾智擒鳌拜、平定三藩、收复台湾、征讨噶尔丹、驱逐沙俄，致力于统一全国的大业，同时重视文化事业，崇儒尊孔，从而奠定了清王朝政治、经济、文化的兴盛根基，开创出康乾盛世的局面，被后世学者尊为“千古一帝”，谥号合天弘运文武睿哲恭俭宽裕孝敬诚信中和功德大成仁皇帝，死后葬于景陵。

序

钦惟皇考圣祖仁皇帝性秉生安，道参化育，临御悠久，宇宙清宁六十载，圣德神功，超越万古，凡为史臣所记注，黎献所睹闻者，固已备编于实录宝训，珍藏于金匮琅函。裔裔皇皇，盛矣！大矣！

朕曩者偕诸昆弟侍奉宫庭，亲承色笑，每当视膳问安之暇，天颜怡悦，倍切恩勤，提命谆详，巨细悉举，其大者如对越天祖之精诚，侍养两宫之纯孝，主敬存诚之奥义，任人敷政之宏猷，慎刑重縠之深仁，行师治河之上略，图书经史、礼乐文章之渊博，天象地舆、历律步算之精深，以及治内治外，养性养身，射御方药，诸家百氏之论说，莫不随时示训，遇事立言，字字切于身心，语语垂为模范。盖由我皇考质本生知，而加以好学；圣由天纵，而益以多能；举天地间万事万物之理融会贯通，以其得之于心者宣为至教。视听言动，悉合经常；饮食起居，咸成矩度。而圣慈笃挚，启迪周详，涵育薰陶，循循善诱。朕四十年来祇聆默识，夙夜懔遵，仰荷缵承，益图继述。追思畴昔天伦之乐，缅怀叮咛告戒之言，既历历以在心，尚洋洋其盈耳。谨与诚亲王允祉等记录各条，萃会成编，恭名为《庭训格言》。

于戏！圣谟弘远，包涵无际，以今所纪，揆昔所闻，仅存什一于千百，阙略甚多，实深愧悚。然而是编也，文辞精要，意旨深长，苟能引伸而扩充之，则片语能含众义，只字可括千言，虽卷帙简约，而格致诚正，修齐治平之道，罔弗兼该。尧、舜、禹、汤、文、武、周、孔之传，一以贯之矣。爰奉秘集，寿之琬琰，以昭垂于亿万世。《书》曰："监于先王成宪，其永无愆。"《诗》曰："诒厥孙谋，以燕翼子。"勖哉！后嗣恪循祖训，念兹罔斁，受益靡穷。世世子孙尚其永久敬承哉！谨序。

雍正八年四月初一日御笔

四库全书提要

臣等谨案：

《庭训格言》一卷，雍正八年世宗宪皇帝追述圣祖仁皇帝天语，亲录成编，凡二百四十有六则，皆实录、圣训所未及载者。盖我世宗宪皇帝至孝承颜，特蒙眷注，宫闱问视之暇，从容温谕，指示独详，而帝德同符，心源默合，聆受亦能独契，故细绎旧闻，编摩宝帙，敷由皇极，方轨六经。粤考三皇五帝，以逮于禹、汤、文、武，其佚文遗教，散见于周、秦诸书，而纪录失真，醇疵互见，故司马迁有"百称黄帝，其文不雅驯"之说。盖其识不足以知圣人，故所述不尽合本旨也。是编以圣人之笔记、圣人之言传述，既得精微，又以圣人亲闻于圣人，授受尤为亲切，垂诸万世，固当于典谟训诰共昭法守矣。乾隆四十六年十月恭校上。

总纂官臣纪昀、臣陆锡熊、臣孙士毅

总校官臣陆费墀

一

训曰：元旦乃履端[1]令节，生日为载诞昌期，皆系喜庆之辰，宜心平气和，言语吉祥。所以，朕于此等日，必欣悦以酬令节。

注释

[1] 履端：年历的推算始于正月朔日，后专指正月初一。

二

训曰：吾人凡事惟当以诚，而无务虚名。朕自幼登极，凡祀坛庙[1]、礼神佛，必以诚敬存心。即理事务、对诸大臣，总以实心相待，不务虚名。故朕所行事，一出于真诚，无纤毫虚饰。

注释

[1] 坛：指天坛和地坛。庙：指祖庙。

三

训曰：凡人于事务之来，无论大小，必审之又审，方无遗虑，故孔子云："不曰'如之何，如之何'者，吾未如之何也已矣。"诚至言也。

四

训曰：人君以天下之耳目为耳目，以天下之心思为心思，何患闻见之不广？舜惟好问好察，故能“明四目，达四聪”，所以称大智也。

五

训曰：凡天下事不可轻忽[1]，虽至微至易者，皆当以慎重处之。慎重者，敬[2]也。当无事时，敬以自持[3]；而有事时，即敬以应事物，务必谨终[4]如始。慎修思永[5]，习而安焉[6]，自无废事。盖敬以存心，则心体湛然[7]。居中，即如主人在家，自能整饬家务，此古人所谓“敬以直内[8]”也。《礼记》篇首以“毋不敬”冠之，圣人一言，至理备焉。

注释

[1] 轻忽：轻视，疏忽。

[2] 敬：恭敬，端肃。此处意为警戒。

[3] 自持：自己克持。

[4] 谨终：小心谨慎，始终如一。

[5] 慎：谨慎持重。修：学习。永：长久。

[6] 习而安焉：经常熏习久之便会成自然。

[7] 湛然：厚重、澄清的样子。

[8] 直内：使内心变得正直。

六

训曰：为人上者，用人虽宜信，然亦不可遽[1]信。在下者，常视上意所向而巧以投之，一有偏好，则下必投其所好以诱之。朕于诸艺无所不能，尔等曾见我偏好一艺乎？是以凡艺俱不能溺我。

七

训曰：凡看书不为书所愚，始善。即所如董子所云："风不鸣条，雨不破块[2]，谓之升平世界。"果使风不鸣条，则万物何以鼓动发生？雨不破块，则田亩如何耕作布种？以此观之，俱系粉饰空文而已。似此者，皆不可信以为真也。

注释

[1] 遽：突然。此处指很轻易，草率。

[2] 风不鸣条，雨不破块：意为，和风轻拂，树枝不发出声响，暴雨不毁坏土块。比喻社会安定，风调雨顺。

八

训曰：朕八岁登极，即知黾勉学问。彼时教我句读者，有张、林二内侍，俱系明时多读书人。其教书惟以经书为要，至于诗文则在所后。及至十七八，更笃于学，逐日未理事前，五更即起诵读；日暮理事稍暇，复讲论琢磨。竟至过劳，痰中带血，亦未少辍。朕少年好学如此。更耽好笔墨，有翰林沈荃[1]，素学明时董其昌[2]字体，曾教我书法。张、林二内侍俱及见明时善于书法之人，亦常指示。故朕之书法，有异于寻常人者，以此。

九

训曰：节饮食，慎起居，实却病之良方。

十

训曰：凡人修身治性，皆当谨于素日[3]。朕于六月大暑之时，不用扇，不除冠，此皆平日不自放纵而能者也。

注释

[1] 沈荃：字贞蕤，号绎堂。松江华亭（今上海松江区）人，进士出身，康熙朝用为侍讲、侍读、日讲起居注官、国子监祭酒等。曾教授康熙书法。

[2] 董其昌（1555 — 1636）：字玄宰，号思白。华亭人。明代著名书画家。

[3] 素日：平日。

十一

训曰：汝等见朕于夏月盛暑不开窗，不纳风凉者，皆因自幼习惯，亦由心静故身不热。此正古人所谓“但能心静即身凉”也。且夏月不贪风凉，于身亦大有益。盖夏月盛阴在内，倘取一时风凉之适意，反将暑热闭于腠理[1]。彼时不觉其害，后来或致成疾。每见人秋深多有肚腹不调者，皆因外贪风凉而内闭暑热之所致也。

十二

训曰：凡人养生之道，无过于圣人所留之经书。故朕惟训汝等熟习《五经》《四书》，性理[2]诚以其中。凡存心养性立命之道[3]，无以不具故也。看此等书，不胜于习各种杂学乎？

注释

[1] 腠理：中医指皮下肌肉间的空隙和皮肤的纹理。腠，指肌肉的纹理，又称肌腠，即肌纤维间的空隙。理，指皮肤的纹理，即皮肤之间的缝隙。

[2] 性理：原指情绪和理智。此处指宋儒的性命理气之学的典籍等。

[3] 存心养性：保持本心，培养正性。《孟子·尽心上》：“存其心，养其性，所以事天也。”宋朱熹根据此而主张“存天理，去人欲”。立命：指修身以顺从天命。

十三

训曰：《书经》者，虞、夏、商、周治天下之大法也。《书传·序》云：“二帝三王之治本于道，二帝三王之道本于心，得其心，则道与治固可得而言矣。”盖道心为人心之主，而心法为治法之原。精一执中者，尧、舜、禹相授之心法也。建中建极者，商汤、周武相传之心法也。德也仁也，敬与诚也。言虽殊而理则一，所以明此心之微妙也，帝王之家所必当讲读，故朕训教汝曹皆令诵习。然《书》虽以道政事，而上而天道，下而地理，中而人事，无不备于其间，实所谓贯三才而亘万古者也。言乎天道，《虞书》之治历明时可验也；言乎地理，《禹贡》之山川田赋可考也；言乎君道，则典、谟、训、诰之微言可详也；言乎臣道，则都俞吁咈、告诫敷陈之忠诚可见也；言乎理数，则箕子《洪范》之九畴可叙也；言乎修德立功，则六府三事[1]、礼乐兵农，历历可举也。然则帝王之家固必当讲读，即仕宦人家有志于事君治民之责者，亦必当讲读。孟子曰：“欲为君，尽君道；欲为臣，尽臣道。二者皆法尧、舜而已矣。”在大贤希圣之心，言必称尧、舜。朕则兢业自勉，惟思体诸身心，措诸政治，勿负乎天佑下民，作君作师之意已耳。

注释

[1] 六府三事：先见于《尚书》，后见于《左传》。六府指的是指金、木、水、火、土、谷，六种物质。三事，指的是正德、利用、厚生。

十四

训曰：子曰：“鬼神之为德[1]，其盛矣乎！使天下之人，齐明盛服[2]，以承祭祀，洋洋[3]乎如在其上，如在其左右。”盖明[4]有礼乐，幽[5]则有鬼神。然敬鬼神之心，非为祸福之故，乃所以全吾身之正气也。是故君子修德之功，莫大于主敬。内主于敬，则非僻[6]之心无自而动；外主于敬，则惰慢[7]之气无自而生。念念[8]敬斯念念正，时时敬斯时时正，事事敬斯事事正，君子无在而不敬，故无在而不正。《诗》曰：“明明在下，赫赫在上。”“维此文王，小心翼翼。昭[9]事上帝，聿怀多福。”其斯之谓与？

注释

[1] 德：恩惠，福利。

[2] 齐明：斋戒严整。齐，同“斋”。盛服：衣服穿着齐整、严肃、庄重。

[3] 洋洋：欣喜的神情。

[4] 明：人间。

[5] 幽：俗称阴间。

[6] 非僻：错误，偏邪。

[7] 惰慢：轻薄下流。

[8] 念念：刹那，指极短的时间内，思绪起灭连续不断。此处意为常常想念、不能忘记。

[9] 昭：显示，公开。

十五

训曰：凡理大小事务，皆当一体留心。古人所谓防微杜渐者，以事虽小而不防之，则必渐大；渐而不杜，必至于不可杜也。

十六

训曰：仁者以万物为一体。恻隐之心，触处[1]发现。故极其量[2]，则民胞物与[3]，无所不周。而语其心，则慈祥恺悌[4]，随感而应。凡有利于人者，则为之；凡有不利于人者，则去之。事无大小，心自无穷，尽我心力，随分各得也。

十七

训曰：仁者无不爱。凡爱人爱物，皆爱也。故其所感甚深，所及甚广。在上则人咸戴焉，在下则人咸亲焉。己逸，而必念人之劳；

己安，则必思人之苦。万物一体，恫瘝[5]切身，斯为德之盛、仁之至。

注释

[1] 触处：随处，处处。

[2] 极：穷尽。量：限度。

[3] 民胞物与：民指同胞，物指同类。泛指爱一切人和一切物类。宋·张载《西铭》："民吾同胞，物吾与也。"

[4] 恺悌：和乐而平易。

[5] 恫瘝（tōng guān）：病痛，疾苦。《书·康诰》："呜呼，小子封，恫瘝乃身，敬哉。"恫，同"痛"。瘝，病。

十八

训曰：凡人孰能无过？但人有过，多不自任为过。朕则不然。于闲言中偶有遗忘而误怪他人者，必自任其过，而曰"此朕之误也"。惟其如此，使令人等竟至为所感动而自觉不安者有之。大凡能自任过者，大人[1]居多也。

十九

训曰：《虞书》云："宥[2]过无大。"孔子云："过而不改，是谓过矣。”凡人孰能无过？若过而能改，即自新迁善之机，故人以改过为贵。其实能改过者，无论所犯事之大小，皆不当罪之也。

注释

[1] 大人：品德高尚的人。

[2] 宥：宽免，赦罪。

二十

训曰：曩者三逆[1]未叛之先，朕与议政诸王大臣议迁藩之事，内中有言当迁者，有言不可迁者。然在当日之势，迁之亦叛，即不迁亦叛，遂定迁藩之议。三逆既叛，大学士索额图[2]奏曰：“前议三藩当迁者，皆宜正以国法。”朕曰：“不可。廷议之时，言三藩当迁者，朕实主之。今事至此，岂可归罪于他人？”时在廷诸臣一闻朕旨，莫不感激涕零、心悦诚服。朕从来诸事不肯委罪于人，矧[3]军国大事而肯卸过于诸大臣乎？

注释

[1] 三逆：专指清初靖南王耿仲明、平南王尚可喜、平西王吴三桂三个藩王。

康熙十二年（1673），吴三桂、耿精忠、尚之信等明降将先后反清；因其降清后封藩称王，故称“三藩”之乱。

[2] 索额图：索尼第三子，官至太子太傅，领侍卫内大臣。

[3] 矧（shěn）：况且。

二十一

训曰：尔等凡居家在外，惟宜洁净。人平日洁净，则清气著身。若近污秽，则为浊气所染，而清明之气渐为所蒙蔽矣。

二十二

训曰：朕幼年习射，耆旧人[1]教射者，断不以朕射为善。诸人皆称曰善，彼独以为否，故朕能骑射精熟。尔等甚不可被虚意承顺赞美之言所欺。诸凡学问皆应以此存心可也。

二十三

训曰：人多强不知以为知，乃大非善事。是故孔子云：“知之为知之，不知为不知。”朕自幼即如此。每见高年人，必问其已往经历之事而切记于心，决不自以为知而不访于人。

二十四

训曰：人心虚则所学进，盈则所学退。朕生性好问。虽极粗鄙之夫，彼亦有中理[2]之言。朕于此等处决不遗弃，必搜其源而切记之，并不以为自知自能而弃人之善也。

注释

[1] 耆旧人：年高望重者。

[2] 中理：合理。

二十五

训曰：朕自幼读书，间有一字未明，必加寻绎[1]，务至明惬[2]于心而后已。不特读书为然，治天下国家亦不外是也。

二十六

训曰：读古人书，当审其大义之所在，所谓一以贯之[3]也。若其字句之间，即古人亦互有异同，不必指摘辩驳，以自伸一偏之说[4]。

注释

[1] 寻绎：推求，探索。

[2] 明惬：明白，快意。

[3] 一以贯之：用一种道理贯穿于事物之中。

[4] 伸：陈述，说明。偏：片面。

二十七

训曰：读书以明理为要。理既明则中心有主，而是非邪正自判矣。遇有疑难事，但据理直行，得失俱可无愧。《书》云："学于古训乃有获。"凡圣贤经书，一言一事俱有至理，读书时便宜留心体会，此可以为我法，此可以为我戒。久久贯通，则事至物来，随感即应，而不待思索矣。

二十八

训曰：《易》云："日新之谓盛德。"学者一日必进一步，方不虚度时日。大凡世间一技一艺，其始学也，不胜其难，似万不可成者。因置而不学，则终无成矣。所以，初学贵有决定不移之志，又贵有勇猛精进之心，尤贵有贞常永固、不退转之念。人苟能有决定不移之志，勇猛精进而又贞常永固、毫不退转，则凡技艺焉有不成者哉。

二十九

训曰：子曰：“吾十有五而有志于学。”圣人一生只在志学一言。又实能学而不厌，此圣人之所以为圣也。千古圣贤与我同类人，何为甘于自弃而不学？苟志于学，希贤希圣，孰能御之？是故志学乃作圣之第一义也。

三十

训曰：子曰：“志于道。”夫志者，心之用也。性无不善，故心无不正。而其用则有正不正之分，此不可不察也。夫子以天纵之圣[1]，犹必十五而志于学。盖志为进德之基，昔圣昔贤，莫不发轫[2]乎此。志之所趋，无远弗届[3]；志之所向，无坚不入。志于道，则义理为之主，而物欲不能移，由是而据于德，而依于仁，而游于艺[4]，自不失其先后之序、轻重之伦，本末兼该[5]，内外交养，涵泳[6]从容，不自知其入于圣贤之域矣。

三十一

训曰：凡人尽孝道欲得父母之欢心者，不在衣食之奉养也。惟持善心、行合道理以慰父母，而得其欢心，斯可谓真孝者矣。

三十二

训曰：《孝经》一书，曲尽人子事亲之道，为万世人伦之极，诚所谓天之经、地之义、民之行也。推原孔子所以作经之意，盖深望夫后之儒者身体力行，以助宣教化而敦厚风俗。其旨甚远，其功甚宏，学者自当留心诵习，服膺[7]弗失可也。

注释

[1] 夫子：指孔子。天纵：意为上天所赐禀赋。

[2] 发轫：拿掉支住车轮的木头，使车前进。比喻新事物或某种局面开始出现。轫，刹车木。行车必先去轫，故称“发轫”。

[3] 届：至，到。

[4] 游于艺：游艺。语出《论语·述而》：“志于道，据于德，游于艺。”艺，指礼、乐、射、御、书、数六艺。游于艺，指置身于六艺的活动，后来泛指学术修养。

[5] 兼该：包括两方面或两方面以上。

[6] 涵泳：书面语，此处指深入领会，沉浸其中。

[7] 服膺（yīng）：铭记在心；衷心信奉。

三十三

训曰：为臣子者，果能尽心体贴君亲[1]之意，凡事一出于至诚，未有不得君亲之欢心者。昔日太皇太后驾诣五台[2]，因山路难行，乘车不稳，朕命备八人暖轿。太皇太后天性仁慈，念及校尉请轿[3]步履惟艰，因欲易车。朕劝请再三，圣意不允，朕不得已，命轿近随车。行不数里，朕见圣躬乘车不甚安稳，因请乘轿，圣祖母云："予已易车矣，未知轿在何处，焉得即至？"朕奏曰："轿即在后。"随令进前。圣祖母喜极，拊朕之背称赞不已，曰："车轿细事，且道途之间，汝诚意无不恳到，实为大孝。"盖深惬圣怀而降是欢爱之旨也。可见，凡为臣子者，诚敬存心，实心体贴，未有不得君亲之欢心者也。

三十四

训曰：朕为天下君，何求而不可得？现今朕之衣服有多年者，并无纤毫之玷，里衣亦不至少污，虽经月服之，亦无汗迹，此朕天秉之洁净也。若在下之人能如此，则凡衣服不可以长久服之乎？

三十五

训曰：老子曰："知足者富。"又曰："知足不辱，知止不殆，可以长久。"奈何世人衣不过被体，而衣千金之裘，犹以为不足，不知鹑衣缊袍者[4]，固自若也；食不过充肠，罗万钱之食，犹以为不足，不知箪食瓢饮者，固自乐也。朕念及于此，恒自知足。虽贵为天子，而衣服不过适体；富有四海，而每日常膳除赏赐外，所用肴馔，从不兼味。此非朕勉强为之，实由天性自然。汝等见朕如此俭德，其共勉之。

注释

[1] 君亲：君指皇帝，亲指父母。

[2] 五台：指五台山，在山西省五台县东北。

[3] 请轿：请太皇太后乘轿。

[4] 鹑衣：补缀的破旧衣衫。缊（yùn）袍：以乱麻为絮的袍子。古为贫者所服。

三十六

训曰：尝闻明代宫闱之中，食御浩繁，掖庭宫人，几至数千，小有营建，动费巨万。今以我朝各宫计之，尚不及当日妃嫔一宫之数。我朝外廷军国之需与明代略相仿佛。至于宫闱中服用，则一年之用尚不及当日一月之多。盖深念民力维艰，国储至重，祖宗相传家法，勤俭敦朴为风。古人有言：“以一人治天下，不以天下奉一人。”以此为训，不敢过也。

三十七

训曰：冠帽乃元服，最尊。今或有下贱无知之人，将冠帽置之靴袜一处，最不合礼。满洲从来旧规亦最忌此。

三十八

训曰：如朕为人上者，欲法令之行，惟身先之，而人自从。即如吃烟一节，虽不甚关系，然火烛之起多由于此，故朕时时禁止。然朕非不会吃烟，幼时在养母家颇善于吃烟。今禁人而己用之，将何以服人？因而永不用也。

三十九

训曰：有子曰："礼之用，和为贵。先王之道斯为美，小大由之。有所不行，知和而和，不以礼节之，亦不可行也。"盖礼以严分，而和以通情。分严则尊卑贵贱不逾，情通则是非利害易达。齐家治国平天下，何一不由于斯？

四十

训曰：学问无他，惟在存天理、去人欲而已。天理乃本然之善，有生之初，天之所赋畀也。人欲是有生之后，因气禀之，偏动于物、纵于情，乃人之所为，非人之固有也。是故闲邪存诚所以持养天理，提防人欲。省察克治，虽以辨明天理，决去人欲。若能操存涵养，愈精愈密，则天理长存，而物欲尽去矣。

四十一

训曰：曩者三孽[1]作乱，朕料理军务，日昃不遑[2]，持心坚定，而外则示以暇豫[3]，每日出游景山骑射。彼时，满洲兵俱已出征，余者尽系老弱。遂有不法之人投帖于景山[4]路旁，云：“今三孽及察哈尔叛乱[5]，诸路征讨。当此危殆之时，何心每日出游景山？”如此造言生事，朕置若罔闻。不久，三孽及察哈尔俱已剿灭。当时，朕若稍有疑惧之意，则人心摇动，或致意外，未可知也。此皆上天垂佑、祖宗神明加护，令朕能坚心筹画，成此大功，国已至甚危而获复安也。自古帝王如朕自幼阅历艰难者甚少。今海内承平，回思前者数年之间如何阅历，转觉悚然可惧矣。古人云：“居安思危。”正此之谓也。

注释

[1] 三孽：指发动叛乱的吴三桂等“三藩”。

[2] 昃（zè）：日偏西。遑：闲暇。

[3] 暇豫：悠闲逸乐。

[4] 景山：今北京景山。

[5] 察哈尔叛乱：指察哈尔布尔尼叛乱。康熙十四年（1675），蒙古的察哈尔部头目布尔尼举兵叛清，后失败身死。

四十二

训曰：今天下承平，朕犹时刻不倦，勤修政事。前三孽作乱时，因朕主见专诚，以致成功。惟大兵永兴被困之际，至信息不通，朕心忧之，现于词色。一日，议政王大臣入内议军旅事，奏毕佥[1]出，有都统毕立克图独留[2]，向朕云："臣观陛下近日天颜[3]稍有忧色。上试思之，我朝满洲兵将若五百人合队，谁能抵敌？不日永兴之师捷音必至。陛下独不观太祖、太宗乎[4]？为军旅之事，臣未见眉颦[5]一次。皇上若如此，则懦怯，不及祖宗矣。何必以此为忧也？"朕甚是之。不日，永兴捷音果至。所以，朕从不敢轻量人，谓其无知。凡人各有识见，常与诸大臣言，但有所知、所见，即以奏闻，言合乎理，朕即嘉纳[6]。都统毕立克图汉仗[7]好，且极其诚实人也。

注释

[1] 佥（qiān）：皆。

[2] 都统：官名。清代始设八旗都统，分掌满、汉军二十四旗政令。毕立克图：蒙古正蓝旗人，博尔济吉特氏。顺治时累擢正蓝旗蒙古都统，列议政大臣。康熙间王辅臣叛于平凉，毕立克图讨伐之，后王辅臣投降，封毕立克图为二等男。

[3] 天颜：帝王的容颜。

[4] 太祖：努尔哈赤。太宗：皇太极。

[5] 眉颦（pín）：皱眉。

[6] 纳：赞许，采纳。

[7] 汉仗：指体貌魁梧。

四十三

训曰：大雨雷霆之际，决毋立于大树下。昔老年人时时告诫。朕亲眼常见，汝等切记。

四十四

训曰：世人皆好逸而恶劳，朕心则谓人恒劳而知逸。若安于逸，则不惟不知逸，而遇劳即不能堪矣。故《易》有云：“天行健，君子以自强不息[1]。”由是观之，圣人以劳为福，以逸为祸也。

四十五

训曰：世人秉性何等无之？有一等拗性人，人以为好者，彼以为不好；人以为是者，彼反以为非。此等人似乎忠直，如或用之，必然偾事[2]。故古人云“好人之所恶，恶人之所好，是谓拂人之性，灾必逮夫身”者[3]，此等人之谓也。

注释

[1]“故《易》有云……”句：见《易·乾》传第一。天行健：是说天体、万事万物的运动昼夜不息，周而复始，无时亏退。这是天之自然现象。君子以自强不息：是说君子应努力自强，不要停息。

[2]偾（fèn）事：搞坏事情。偾，败坏，破坏。

[3]是谓拂人之性，灾必逮夫身：此句语出《大学》第十六章。拂，违反的意思。逮，及至。

四十六

训曰：古人有言：“反经合理谓之权。”先儒亦有论其非者。盖天下止有一经常不易之理，时有推迁，世有变易，随时斟酌、权衡轻重而不失其经，此即所谓权也。岂有反经而谓之行权者乎？

四十七

训曰：大凡贵人皆能久坐。朕自幼年登极以至于今日，与诸臣议论政事，或与文臣讲论书史，即与尔等家庭闲暇谈笑，率皆俨然端坐。此乃朕躬自幼习成，素日涵养之所致。孔子云：“少成若天性，习惯如自然。”其信然乎！

四十八

训曰：出外行走，驻营之处最为紧要。若夏秋间，雨水可虑[1]，必觅高原；凡近河湾及洼下之地，断不可住。冬春则火荒可虑，但觅草稀背风处；若不得已而遇草深之地，必于营外周围将草刈除，然后可住。再有，人先曾止宿之旧基，不可住，或我去时立营之处，回途至此，亦不可再住。如是之类，我朝旧例，皆为大忌。

四十九

训曰：走远路之人，行数十里，马既出汗，断不可饮之水。秋季犹可，春时虽无汗，亦不可令饮，若饮之，其马必得残疾。汝等切记！

五十

训曰：天道好生。人一心行善，则福履[2]自至。观我朝及古行兵之王公大臣，内中颇有建功立业而行军时曾多杀人者，其子孙必不昌盛，渐至衰败。由是观之，仁者诚为人之本与！

注释

[1] 可虑：令人忧虑。

[2] 福履：福禄。

五十一

训曰：凡人处世，惟当常寻欢喜。欢喜处自有一番吉祥景象。盖喜则动善念，怒则动恶念。是故古语云：“人生一善念，善虽未为，而吉神已随之；人生一恶念，恶虽未为，而凶神已随之。”此诚至理也夫。

五十二

训曰：人心一念之微，不在天理，便在人欲。是故心存私便是放[1]，不必逐物驰骛[2]然后为放也。心一放便是私，不待纵情肆欲然后为私也。惟心不为耳目口鼻所役，始得泰然[3]。故孟子曰：“耳目之官不思，而蔽于物。物交物，则引之而已矣。心之官则思，思则得之，不思则不得也。此天之所以与我者。先立乎其大者，则其小者不能夺也。此为大人而已矣。”

注释

[1] 放：恣纵，放任。

[2] 驰骛：疾驰；奔腾。

[3] 泰然：安详闲适的样子。

五十三

训曰：《大学》《中庸》俱以慎独为训[1]，则为圣贤第一要节[2]。后人广其说曰[3]：“暗室不欺[4]。”所谓暗室，有二义焉：一在私居独处之时；一在心曲[5]隐微之地。夫私居独处，则人不及见；心曲隐微，则人不及知。惟君子谓此时指视[6]必严也。战战栗栗，兢兢业业，不动而敬，不言而信，斯诚不愧于屋漏而为正人也夫[7]。

注释

[1]《大学》《中庸》：书名，均《礼记》篇名，宋代朱熹把它们和《论语》《孟子》合编为“四书”，并做了注释。慎独：指在独处时亦能谨慎不苟。

[2] 要节：重要的礼节。

[3] 广：扩大。说：解释，解说。

[4] 暗室不欺：不欺暗室。指在别人见不到的地方，也不做那种见不得人的事。

[5] 心曲：内心深处。

[6] 指视：特别注意。

[7] 屋漏：房子的西北角。古人设床在屋的北面，因西北角上开有天窗，日光由此照射入室，故称屋漏。后称不欺屋漏，即不欺暗室的意思。正人：正直之人。

五十四

训曰：为人上者，教子必自幼严饬[1]之始善。看来有一等[2]王公之子，幼失父母，或人惟有一子而爱恤过甚，其家下仆人多方引诱，百计奉承。若如此娇养，长大成人，不至痴呆无知，即多任性狂恶。此非爱之，而反害之也。汝等各宜留心。

五十五

训曰：人之才行，当辨其大小。在大位者，称其清廉可矣。若使役人等，亦可加以清廉之名乎？朕曾于护军骁骑中问其人如何[3]，而侍卫有以端密[4]对者，军卒人等岂堪当此？端密乃居大位之美称，军卒止可言其朴实耳。

注释

[1] 饬：教导，告诫。

[2] 一等：另一种。

[3] 护军：官名，指皇帝身边的护卫军官，或指京旗护军营官兵。骁骑：官名，清有骁骑参领、副骁骑参领等军官，此处当指近卫骑兵。

[4] 端密：形容一个人正直、缜密、沉静。

五十六

训曰：尔等平日当时常拘管下人，莫令妄干外事，留心敬慎为善。断不可听信下贱小人之语。彼小人遇便宜处，但顾利己，不恤恶名归于尔等也。一时不谨，可乎？

五十七

训曰：凡人存善念，天必绥之福禄[1]，以善报之。今人日持念珠念佛，欲行善之故也。苟恶念不除，即持念珠，何益？

五十八

训曰：近世之人以不食肉为持斋，岂知古人之斋必与戒并行。《易·系辞》曰：“斋戒以神明其德。”所谓斋者，齐[2]也，齐其心之所不齐也。所谓戒者，戒其非心妄念也。古人无一日不斋，无一日不戒。而今之人，以每月之某日某日持斋，已与古人有间。然持斋固为善事，可以感发人之善念，第不知其戒心何如耳。

五十九

训曰：世上人心不一。有一种人，不记人之善，专记人之恶，视人有丑恶事，转以为快乐，如自得奇物者。然此等幸灾乐祸之人，不知其心之何以生而怪异如是也！汝等当此为戒。

六十

训曰：国初人多畏出痘[3]，至朕得种痘方，诸子女及尔等子女，皆以种痘得无恙。今边外四十九旗及喀尔喀诸藩俱命种痘，凡所种皆得善愈。尝记初种时，年老人尚以为怪，朕坚意为之，遂全此千万人之生者，岂偶然耶？

注释

[1] 绥：安抚。语出《诗·周南·樛木》："乐只君子，福履绥之。"毛传："履，禄；绥，安也。"

[2] 齐：通"斋（zhāi）"，斋戒，即祭祀前整洁身心。

[3] 出痘：出"天花"。

家政须知

丁耀亢

导读

《家政须知》作于康熙八年（1669）冬，当时丁耀亢已是71岁高龄，重病缠身，担心自己死后子孙不能保守家业，于是在弥留之际撰写了《家政须知》一书，以戒后人。全书共分为“勤本”“节用”“逐末”“习苦”“防蠹”“多算”“广积”“变通”“因时”“十败”十章。围绕如何治家进行了详细的阐述。首先，丁耀亢在文中强调治家要节俭。其次，丁耀亢认为治家还要精于算计。另外，丁耀亢主张在搞好农业生产的同时，还可以从事工商业经营，以增加家庭收入，增强抵御灾害的能力。最后，丁耀亢以生动形象的比喻手法总结了导致败家的十种情况，要求子孙引以为戒。该书颇受后人推崇，清人王复振评价说：“目次十条，包罗万善，其文显，其词质，……富国便民之策，由一人一家而因类扩充之，无不可见诸施行，立有成效，亦可补《周官》理财，太史《货殖传》所未详。”

作者简介

丁耀亢（1599—1669），字西生，号野鹤，自称紫阳道人、木鸡道人等，山东诸城人。顺治六年（1649）由顺天籍拔贡充镶白旗教习，后为容城教谕，迁惠安知县，以母老不赴。晚年因著《续金瓶梅》一书，触犯朝廷，康熙四年（1665）八月，年过六旬的丁耀亢被捕入狱，十二月得到赦免，此书几近焚毁，沉重的打击使他双目失明，于清康熙八年（1669）冬腊月病逝于家中，享年71岁。

序

吾友丁颙若[1]，善读父书者也。忆乃翁野鹤先生[2]，旷世逸才，于书无所不窥，著作甚富。其大者，论断古史，法戒昭乘[3]；次而主盟词坛，古体、近体、歌行、赋记、赞颂，一切俱臻绝顶[4]；兼有传奇、小说。遗稿诸书，传流海内者非一日。此皆予[5]素闻教于先生，而亲见颙若之诵读，珍秘收藏，重刊订正，以克承[6]先志于无替者也。洵[7]可谓大孝哉！一日搜简残编，得先生《家政须知》一册相示，将命剞劂[8]，属一言为序。余受而读之，叹曰：异哉，先生！世家鸿儒，功名富贵人也。尘视轩冕[9]，勇退林泉[10]，年迈古稀，而为此书。目次十条，包罗万善，其文显，其词质，不言朝政而言家政，不言训世俗而言训后人。此殆先生寓意，寄托深远，慈悲度世，拔蚩愚[11]之迷途，游斯人于乐国者乎？设当年闽海赤子，获蒙慈母教养之恩，伐谋[12]室家，甘棠一树，留遗爱于南国，此德政录也。即輶轩之使[13]，采风谣而献当宁[14]，将劝农救荒，富国便民之策，由一人一家而因类扩充之，无不可见诸施行，立有成效，亦可补《周官》理财，太史《货殖传》[15]所未详。先圣有言曰：是亦为政，奚其为为政[16]。区区家政云乎哉？先生如在，当不以予言为谬。

同邑后学王复振拜撰

注释

[1] 丁颙若：丁耀亢的儿子。

[2] 乃翁：亦作“乃父”。指父亲对儿女的自称，或称他人的父亲。野鹤先生：即丁耀亢。

[3] 法戒：楷度与鉴戒。昭乘：发扬光大。

[4] 俱臻绝顶：都达到很高的造诣。臻，达到。

[5] 予：我。

[6] 克承：能够继承。

[7] 洵：实在。

[8] 剞劂（jī jué）：指刊刻书籍。

[9] 尘视：视为尘土。谓轻视。轩冕：古时大夫以上官员的车乘和冕服，借指官位爵禄。

[10] 林泉：指隐居之地。

[11] 蚩愚：痴愚。蚩，同“痴”。

[12] 伐谋：施展谋略。

[13] 輶（yóu）轩之使：指皇帝派出到民间采风的使臣。輶轩，轻便的车，乘轻便车的使者，指帝王的使臣。清·朱彝尊《张君诗序》："昔之采风者，不遗邶、庸、曹、桧，而吴、楚大邦，不见录于輶轩之使。"

[14] 采风谣：采集民间歌谣。当宁：典故名，典出《礼记注疏》。宁，指古代宫室门内屏外之地。君主在此接受诸侯的朝见。后遂以"当宁"指皇帝临朝听政，后泛指皇帝。

[15]《货殖传》：语出《史记》卷一百二十九、列传第六十九。这是专门记叙从事"货殖"，也就是商业活动的杰出人物的传记。

[16]"是亦为政"二句：也就是从事政治，又要怎样才能算是为政呢？奚，疑问词，相当于"为什么"。

自序

《孝经》曰："居家理，可移于官。"家国一理也。人皆知训子读书为光耀门户，而不知以家政教之也。往往有宦室富家，巨资厚蓄，其先人既往，不数年而子孙荡费至于饥寒无卓锥[1]者。固其子孙之不肖，亦父兄未尝以家教习之，故蒙昧无知，财利归之他人，田土反为己害。败家之道，种种不一：有以嫖赌而败者，有以争讼而败者，有以奢侈而败者，有以庸懦痴愚而败者，有以好声色、结朋友而败者。速莫速于赌博，痴莫痴于揭债[2]，愚莫愚于苟安[3]，险莫险于欠税，穷莫穷于家漏，损莫损于妄费。凡此者，总因失算寡谋、安逸疏懒之所致也。余既倦勤，传家于子孙，不二年而田宅荒废，负欠官粮，将至不支。后此数年，更可知矣。念余童年失父，十六持家，今年古稀有一，所置田宅十倍于昔，思堂构[4]之难成，悲创造之不易，病中无事，聊遗片言，以为守成之警耳。

康熙己酉初夏，野鹤老人书于橡谷山房。

注释

[1] 无卓锥：无立锥。

[2] 揭债：举债，借债。

[3] 苟安：苟且偷安。

[4] 堂构：房舍。构，结构，构成。

勤本

万物生于上而财聚焉，故王道[1]先于农桑，《周礼》重于食货[2]。勤本之道，莫重于农。太史公《货殖传》曰：“凡人有千亩之田而不能富者，庸人也。”古人百亩之田，可以无饥，以其勤于农而俭于用。今有千亩之田，欠租税而苦不足者，盖不能取地之利，反有钱粮之累，耗于用而寡于积耳。治田之要，莫急于积粪，积粪之法，莫先于畜牧。牛羊之粪有限，积草之粪无穷。《月令》所谓“溽暑杀草，可以粪田畴、美土疆”是也[3]。计三伏共一月，初伏九日，入伏日取草积濠中，初伏尽即取出。中伏十日，亦于中伏初取草如前法。末伏十二日，再取草亦如前。凡凿濠必于洿下积水之地，水愈深而积粪愈多。或择隙地共为一濠，公家积粪积之而公用焉，或各家自为小濠而各用焉。今北方勤农，锄田之外，凡有暇时，尽取草根。道傍无旷土，无宿草，如此则畜牧虽少，每亩得数十车。立秋后至初冬，复取道傍枯草作堆，尽抬入牛羊圈中，名之曰“牛脚草”，一冬牛羊所践踏以成粪者也。北方地少农勤，或至争草兴讼，则重粪可知。又有拆火炕之粪，拆向阳之墙以为粪者。人粪、鸽粪，油坊麻饼之粪，阴沟淤泥之粪，种种不一。其廑粪[4]如此，田安得不茂乎？如粪少田多，则轮转上粪。今岁粪麦田矣，即来岁黍谷[5]地也。又为麦地，加粪如前。三年轮转，其粪皆均，无不粪之田矣。一曰先时，凡耕种因时争先，则谷力能全。一曰因地，择地高下燥湿，以分谷性。耕之不深，如不耕同；锄之不净，与不锄同。秋耕蚤，阳气入地而肥；春耕太蚤，霜气入地而瘦。凡田少者当自力农，田广者不能自力而分种，我失其五矣；分种而不得其人，粪少农惰，我失其七矣；不得已而行贡法[6]，此田多不得利也。可用公田之法，自种其十之一，取力于众农，亦是一法。《诗》云：“无田甫田，唯莠骄骄[7]。”为惰农戒耳。

注释

[1] 王道：儒家提出的一种以仁义治天下的政治主张，与霸道相对。

[2]《周礼》：周朝的礼仪、规范。食货：古代用以称国家财政经济。

[3]《月令》：上古一种文章体裁，在《礼记》中有一篇。按照一年十二个月的时令，记述政府的祭祀礼仪、职务、法令、禁令。溽暑：指盛夏气候潮湿闷热。杀草：割草。田畴：泛指田地。

[4] 廑（qín）粪：辛勤地施粪。廑，通“勤”。

[5] 黍谷：黄米。

[6] 贡法：贡赋之法。《书·禹贡》孔传：“禹制九州贡法。”朱熹集注：“夏时一夫受田五十亩，而每夫计其五亩之入以为贡……其实皆什一者，贡法固以十分之一为常数。”

[7] “无田（diàn）甫田（tián）”二句：意为，宽广的大田不要去耕种，因为野草长势太旺盛了。田，通“佃”，耕作。甫田，大田。莠，杂草，狗尾草。骄骄，即“乔乔”，高大的样子。

节用

吾观太史公《货殖传》，白圭[1]、猗顿[2]、陶朱[3]之术，要不过“生众食寡，为疾用舒”[4]四语而尽。生众、为疾者，勤也；食寡、用舒者，俭也。四语中要不过“勤俭”二字而尽。《礼记》云：“国君以三十年之通计国用，量入以为出[5]。”故庶民之家，一年必有三月之食，三年必有一年之食，十年必有三年之食，则财恒足矣。齐俗[6]喜功利，爱夸诈，故其民多豪奢自矜。一会[7]乡邻，或破数日之费，而家无担石[8]者。吴越之俗，喜轻扬，好游晏，有熏香衣罗而无隔宿之食者。燕赵之俗，尚游侠，盛服饰，有美其饮食而无卓锥之地者，谓之寄生之民，以不知节用故也。惟唐风尚俭而过于陋。素封之家[9]，终年无肉食；担夫贩竖[10]，葛屦履霜[11]，而家有千金之积。故云晋国天下莫强焉，以其富而节也。财物之生也有限，人情之奢欲无涯。以无涯之欲而耗有限之财，以一夕之乐而费经旬[12]

之积，吾知其不能继矣。余尝忆明神宗时，乡绅大老童仆，无青衣[13]而服短褂，出门无大轿而乘小车，非请县官不设戏，非行大礼不宰牲，饮食皆用小器，衣服不尚文绣。当是时，斗粟不过十文，尺布不过五文，鸡豚之肉，其贱如土。蔀屋之民，有积粟至数千石者。犬不夜吠，吏不催征，物愈丰而用愈节也。今天下庶人衣王侯之服，田舍[14]享大官之奉，每会必用大器，婚丧皆拟[15]乡绅，倾中人[16]之产而博豪侠之名，罄囊[17]揭债，骄夸乡里，贵贱等威，一无所辨。一亩之田，赋役加于数倍，终年之积，豪费尽于一时。横征急敛，敲皮剥骨，民无常业，村无乐土，用愈奢而愈不节矣。故必节其饮食而甘粗粝[18]，则有余食矣；节其衣服而甘质陋，则有余衣矣；节其晏饮交游，则有余财矣；节其婚姻丧祭，则有余力矣。盖千金之家，亦有赢余，千乘之国，或苦不足者，节不节之故耳。

注释

[1] 白圭：名丹，战国时人，出生在东周的都城洛阳，曾在魏惠王初期任魏国相，后因魏国政治腐败，弃政从商。白圭从商选择农产品、农村手工业原料和产品的大宗贸易为主要经营方向，展现了其高远的眼光和把握时机的能力，并总结了一套经营理念。

[2] 猗顿：山西运城临猗县人，春秋时代鲁国的贫寒书生，战国时魏国人。猗顿是其号，姓名与生卒年代已无可考。他是我国战国初年著名的大手工业者和商人。

[3] 陶朱：范蠡，字少伯，春秋时期楚国宛地三户（今河南淅川县滔河乡）人。

春秋末著名的政治家、军事家、道家学者和经济学家。帮助勾践灭掉吴国后，弃政从商。期间三次经商成巨富，三散家财。世人誉之：“忠以为国；智以保身；商以致富，成名天下。”后代许多生意人皆供奉他的塑像，称之财神。

[4]“生众食寡”二句：语出《大学》：“生财有大道：生之者众，食之者寡，为之者疾，用之者舒，则财恒足矣。”意为，“生产财富的人很多，消费财富的人很少，生产财富的人勤奋，使用财富的人节俭，那么财富就永远足够。”疾，快，迅速。此为勤奋的意思。舒，本义为缓慢，此处为节俭。

[5]“国君”二句：意为，国王以三十年国家发展顺畅，治国所用的方法是，根据收入的多少来定开支的限度。通，通畅。

[6] 齐俗：齐国的风俗，山东古为齐地。

[7] 会：晤见，此处指聚在一起喝酒的意思。

[8] 担石：一担一石之粮。比喻很微小。

[9] 素封之家：无官爵封邑而富比封君的人家。

[10] 贩竖：小贩。

[11] 葛屦履霜：冬天穿着夏天的鞋子。比喻过分节俭吝啬。语出《诗经·魏风·葛屦》：“纠纠葛屦，可以履霜？”

[12] 经旬：本意为经过十天，此处指很长时间。

[13] 青衣：明清时生员所穿的衣服为青或黑色。

[14] 田舍：本意为田地和房屋，此处指农人。

[15] 拟：比拟，此处指宴请。

[16] 中人：普通人。

[17] 罄囊：竭尽囊中所有。

[18] 粗粝：泛指粗劣的食物。

逐末[1]

海至深也，必纳细流以成其大；山至厚也，必积土壤以成其高。故衣必有副，以防其敝；器必有贰，以防其毁。今勤农为本矣。天道五年一变，非稔[2]则饥；人事四时不同，非增则减。故有终岁勤劳而不逢年，箕豆俱空，粮税不足，将若之何？于是有逐末之法，广其生息，滋其赢余，庶几可以卒岁[3]。在于择人而任使，通权而达变，非其人无利也，非其时无利也，非其地无利也。或为行商，或为坐贾[4]，或为畜牧，或为收藏，或贱入而贵出，或更旧而为新，醯酱雉菽[5]，酒曲丝麻，贩羊牧豕，油房染靛，苟得其人，可为恒产。不得其人，本末俱亡。故必有忠信之朋，兼以通变之识，同心分金，有才有守，庶几得之。不然，则门内之贸易，犹可得其锱铢[6]；门外之生息，无由察其出入，可不审诸？

注释

[1] 逐末：指经商。古以农业为本务，商贾为末务，故称。古代以耕读为国家之本，工商为末，所以“舍本逐末”就是放弃耕读，从事工商的意思。

[2] 稔：庄稼成熟，此处指丰收。

[3] 卒岁：度过年终。

[4] 坐贾（gǔ）：是“行商”的对称。拥有一定数额的资本，具有一定的字号，在固定地址经营商业的商人。

[5] 醯（xī）酱：醋和酱。亦指酱醋拌和的调料。雉菽：鸡和豆。

[6] 锱铢（zī zhū）：比喻微利，极少的钱。

习苦

今夫纨袴之子，日食膏粱[1]，见粗粝则投箸[2]而起；帖括书生[3]，用心章句而不知稼穑，冒寒暑霜露则病。夫夫[4]也一旦失势居贫，不能谋生，与饿莩等。即长处富贵，当大难，膺[5]大任，不耐劳苦，无以自全者，皆不习苦之故也。是以古人袖铁习力，运甓习勤[6]，则骨力坚而神明自生，磨砺久而淫佚不起。爱子弟者，莫先于习苦。陶潜《躬耕》诗曰："人生归有道，衣服固其端。孰是都不营，而以求自安？"又云："晨起理荒秽，日入负耒还。四体诚乃疲，庶无异患干[7]。"其安贫乐道如此。吾阅历久，熟观往事，每见人少年时受得一分苦，其末路即有一分福。受得十分苦，其末路即有十分福。或少年豪华奢靡，暴殄[8]折福，过于一分受用，则有一分穷。过于十分受用，则有十分穷。天道人事，历历不爽[9]。盖羑囚井廪[10]，皆圣贤磨练之场；酒色淫荒，即庸人消沉之路。然后知"生于忧患，死于安乐"，良有以也。

注释

[1] 膏粱：肥美的食物。膏，肥肉。粱，细粮。

[2] 投箸：扔下筷子。

[3] 帖括书生：形容迂腐的书生。帖括，唐制，明经科以帖经试士。把经文贴去若干字，令应试者对答。后考生因帖经难记，乃总括经文编成歌诀，便于记诵应时，称“帖括”。

[4] 夫夫：人人。

[5] 膺：接受，承当。

[6] 运甓（pì）习勤：语出《晋书》记载，陶侃在广州无事可做，“辄朝运百甓于斋外，暮运于斋内。人问其故，答曰：‘吾方致力中原，过尔优逸，恐不堪事。’”后喻指因立志建功立业而勤勉自励。甓，砖。

[7] 四体诚乃疲，庶无异患干：意为，身体虽然疲劳，却避免了许多忧患。庶，幸而，幸得。干，触犯，冒犯，冲犯。

[8] 暴殄：任意浪费、糟蹋。

[9] 历历：各项事物一个个清晰分明。不爽：没有差错。

[10] 盖羑（yǒu）囚井廪：《孟子·万章》记载，舜未称帝时，多次遭其父与弟的迫害，舜修仓廪，其父瞽瞍撤梯烧仓，欲将他烧死。后又让舜淘井，舜入井其父与弟象把井填死，欲活埋舜。但舜大难不死，皆逃脱。羑，古地名，在今中国河南省汤阴县北，也就是舜的故里，以此代舜。井廪，水井和仓廪。

防蠹[1]

木之将枯也，必有蠹虫以食其心。人见其枝叶尚茂，而根本枯矣。国之将丧也，必有蠹臣以乱其权，人见其法令如故，而元气丧矣。家之将败也，必有蠹仆以窃其财。人见其田宅犹存，而蓄积空矣。欲训子弟之治家，先详言其防蠹。有内蠹焉：妻妾专权，宠仆乱法，诱我以小利，逢君之大恶是也。有外蠹焉：上下蒙蔽，内外串通，窍我之财而不知，空我之囊而不觉是也。其不可用者有四，其当防者有五：一曰黠奴[2]，机深而诈，舌慧而巧，窥我之喜怒趋避以为奸，则不可用；一曰悍奴，胆大心雄，酗酒使气，敢于犯上，则不可用；一曰盗奴，性贪嗜利，善为奸欺，听言若甘，无谋不私，则不可用；一曰诈奴，如簧之口，其曲如钩，实少伪多，似忠而诈，则不可用。至于托以田土、付以钱粮，其为蠹者，种种不一：一曰挂欠[3]，本为主管之自肥，反开他人之拖欠，既失时而不催，望隔年之另算；一曰开除，不经手之支销，多立名色，任昧心之开算，难以稽查；一曰冒支，知陈账之难清，复开新欠，报现存之虚数，假冒放粮，年又一年，欠而复欠；一曰开逃，欠既难完，借逃户而顶补，房之将倒，或折毁而焚烧；一曰抛荒，择肥饶以自种，派瘠土于穷民，指为积荒，外租减数。凡此者，欺疏懒之主，如戏小儿，开斗石[4]之名，总为乌有。漫责之，而虚期岁月，徒为止渴之梅[5]；严追之，欲剥其膏脂，反作吠主之犬。甑[6]已破矣，田将墟矣，责无益矣，悔无及矣。当蚤有以防之，勿使为我蠹也，惟明而且断者能之。

注释

[1] 蠹：蛀蚀器物的虫子，引申比喻祸害国民的人和事。

[2] 黠奴：狡猾的仆人。

[3] 挂欠：赊欠。

[4] 斗石：旧时汉族节日娱乐活动。流行于福建东部、台湾地区，用掷石相

斗取乐。

[5] 止渴之梅：比喻愿望无法实现，用空想安慰自己。

[6] 甑（zèng）：古代蒸饭的一种瓦器。

多算

财之为言，才也。其为字也，“才”与“贝”相依。有才而财聚，无才而财散矣。货之为言，化也。其为字也，“化”在“贝”之上。能化则货生，不能化则货绝矣。钱之为言，戋也。其为字也，双“戈”伏于“金”傍，有争伐之义焉。利之为言，理也。其为字也，卓“刀”立在“禾”侧，有利害之义焉。故其为物也，多算胜，少算不胜。善算者得乎盈虚消息之数，算在天者也。揣其土产物理之宜，算在地者也。筹度乎金生粟死，贱入贵出，和而不争，守而不失之理，算在人者也。昔有国氏甚富，向氏甚贫，两人心交也。往而问之，国氏曰：“吾善盗。”向氏曰：“吾知之矣。”于是，穿窬[1]掘壁，逾垣发伏[2]，白昼攫金[3]而犯于法，几不免死[4]。向氏再过国氏，怨之曰：“汝误我，汝误我！”国氏大笑曰：“吾所谓‘盗’者，道也。盗其虚，不盗其盈，而盈自至；盗其少，不盗其多，而多自至。盗其所不争，人弃而我取，则物不能先之。盗其所各得，我往而彼来，则物不能后之。盗其道，不盗其所不道。”向氏归而习之，三年富与国氏等。善算者，善取不如善守，算人不如算己。造化生于心，得丧存于命。善治财者，下令如流水之源，则人皆乐之。不善治财者，如逆水而行舟，则人皆苦之。故竹头木屑，皆应机而办事；牛溲马渤[5]，可治病而医人。彼庸人败子，茫然无知，遂至朝不谋夕，皆不知算者也。又乌得知吾之言？姑与浅言之，曰：“算其一年之所入而谨守之，算其一年之所出而节取之，庶几无败欤！”

注释

[1] 穿窬（yú）：挖墙洞和爬墙头。指偷窃行为。

[2] 逾垣发伏：翻越墙头，埋伏好准备出击。发伏，突出伏兵。

[3] 攫金：抓取，夺取。

[4] 几不免死：差点处死。

[5] 牛溲（sōu）马渤：比喻虽然微贱但是有用的东西。牛溲，即牛遗，车前草的别名。马渤，一名屎菰，生于湿地及腐木的菌类。均可入药。

广积

鸟鼠至无知也，野鹊知藏盖以备风雨，田鼠知积粮以潜地窖。人而不知积也，曾鸟鼠之不如乎！水之积不深，不能泛万斛之舟；风之积不高，不能鼓扶摇之羽。江海之有容纳，天地之有收藏，皆积渐使然也。彼不知积者，曰一篑[1]之土，无以成其高，而不知为山之基，可以百仞[2]。一勺之水，无以见其力，而不知汲井之溜[3]，可以穿石。亦其积之久使然也。自少而积之，由渺忽可至千万，由累黍可至寻丈[4]。万里之程，始于跬步[5]，千钧之鼎，始于寸铁，百狐之裘，始于一腋。在山积薪炭，近海积鱼盐，在田积谷粟藁秸[6]，在家积麻缕丝絮，在畜牧积牛马羊豕，在园圃积藜藿[7]瓜瓠。积无用以化有用，积及时而防失时。如此则贵贱贸易加一等矣。极而推之，圣人积德，士大夫积功，文人积学问，莫不由积而成，以无积而败。

注释

[1] 一篑：一筐。篑，盛土竹器。

[2] 百仞：形容极深或极高。仞，古代计量单位。

[3] 汲井之溜：从井中打上来的迅急的水流。溜，迅急的水流。

[4] 累黍：古代很小的计量单位，形容计量极小。寻丈：泛指八尺到一丈之间的长度。

[5] 跬步：本指半步，或被形容极近的距离、数量极少等。

[6] 藁秸（gǎo jiē）：稻、麦等的秆子。

[7] 藜藿（lí huò）：灰条菜、豆叶，可食，一般形容粗劣的饭菜。

变通

金可变粟，粟可变金，人所知也；金变为粪，粪变为金，人所不知也。贵者贱之母，贱者贵之子，人所知也；积贵生贱，积贱生贵，人所不知也。廉者得半，贪者得倍，人所知也；廉者倍之，贪者半之，人所不知也。贫者富之资，富者贫之资，人所知也；富以生贫，贫以生富，人所不知也。功名成于乱世，暴富起于凶年。善变者，朽腐化为金玉；不善变者，金玉化为朽腐。守而不变，纨袴多饿死；变而能通，贱竖成公卿。故曰“穷则变，变则通”，是以贤者与世推移而不胶滞于物。

因时

圣人先时，贤者不违时，庸人失时。春生夏长，秋收冬藏，天之时也。冬至一阳生，分十二候以完春夏之令，夏至一阴生，分十二候以完秋冬之令，时之气也。迎其气而业成焉，后其气而业废焉，唯智能得乎气之先，故事半而功倍。语云：“虽有智慧，不如乘势；虽有滋基，不如待时。”亶其然乎！今有《田家五行》《居家必用》等书，要不外周之《月令》一篇。大而敬天勤民，小而立身治家，尽乎此矣。虽南北风气不同，时势不一，智者变而通之。

正月：布置农务。算一岁官粮之数。入学，课月程。修理房屋。更换耕牛。觅农工。勤夜作。

二月：乘冻移树，春分前后栽种十日。接果树。课农，春耕。修屋，动土功。播种锄麦田。省耕。开仓。

三月：播种。相土地之宜，农功大作。停土功。孳养鸡鹅羊豕。浴蚕，修种菜圃，尽出积粪。修粪池。次开仓。省耕。出粟贵粜。备官粮。修园囿。挑野菜。煮酒。

四月：课锄。养蚕，修水道，伐树枝。修仓窖以防阴雨。采树头作菜。三开仓省锄。栽菊种兰。分蜂。

五月：采药，收丝，织绢。割麦，种豆。墁墙[1]壁。大修粪窖，以备积草。牧豕，栽竹，修桑树。制药。踏酒曲。

六月：晒麦，晒书画。课农。取草作粪，修田间沟洫[2]。动木工做家器，用漆。晒皮毡衣，作酱曲。插各样花。伐栎[3]去皮下水。条桑。

七月：末伏出粪积粪，伏中蚤耕麦地。沤杂木，伐枯竹。再风书画、毡衣。收瓜子、麻茼。运种麦粪。

八月：天社[4]前种麦，收芝麻，收稻。做毡货，裱书画。采葛。收松果、橡栗，剥枣。蚤秋耕。栽牡丹、芍药。

九月：割牛草。伐薪柴，烧炭御寒。收藁秸，诸草上垛，收杆草备畜牧。收春初放出杂粮，及各庄籽粒入仓。锄牛脚草。酿酒，腌菜。

十月：塞北户，修囤仓。收远庄子粒入仓，计算各庄收放账目。积牛脚草，收山草上垛，为来春修盖。培果树，收野菜御冬。

十一月：酿来春酒。勤夜功，纺绩。收猪上肩。备祭祀。夜诵。收芋。修牛屋。封仓。治农兵防夜。培竹。

十二月：修祭器、家庙。运割草入场。新炭出山。备交际礼物，腌腊。贸易年货。劳农。

以上遵而行之，治国治家之理，可尽于是。虽富而由命，勤可因人。如此十年，犹有饥寒者，吾不信也。

注释

[1] 墁（màn）墙：修整墙面。

[2] 沟洫：田间水道。

[3] 栎：栎树，叶可喂蚕；木材坚硬，可制家具，树皮可鞣皮或做染料。亦称“麻栎”“橡”；通称“柞树”。

[4] 天社：春分前后遇到午日的一天为天社。

十败

豪杰无所因而成，庸人有所资而败，故有万乘之国，成于匹夫，巨万之家，败于一人。成败之机，在乎一心，不在乎所资之有无也。

吾见败家之子，性与人殊。未至败家，必先失德。或有凶顽之子，刚愎多猜，饰非拒谏，喜近群小，疏远正人，酗酒使气，负义忘恩；或为庸暗之子，愚懦昏懒，疏惰苟安，性虽木讷，心不忠信，疏远骨肉，专听妇言。其类有十。性也，有命焉；人事也，有天道焉。家之成败，关于子孙，吾安得而怨之？约略其状，名之以禽虫，言其非人类也。

凡庸人多喜睡，惰子必晚起。或有长夜饮博，妻妾酣眠，日中而卧，门户不启者，吾名之曰“瞌睡虫”。欠债而反揭债，欠粮而更贷粮，本利倍加，势必典衣物钗钏，终年不能赎，尽为质当所有，名之曰“蛇退皮”。债不能完，必至卖产，官粮不输，必至卖宅，或减价准于债主，或求售入于豪门，甚至卖屋卖砖，卓锥无地，名之“穴地老鼠”。膏粱之子，必贪口腹，佚游宴乐，酒肉如流，家无旬日之粮，坐满游闲之客，名之曰“吞山虎”。酒囊饭袋，目不识丁，田荒而不思治，屋倒而不知修，前人所遗，坐食而尽，名之曰“井底蛙”。悍妇当家，外嬖[1]专宠，囊橐在人[2]，身如寄生，心虽有知，力不能断，名之曰“死肥鹅”。坐食既空，便卖家器，桌椅床凳，尽为人有，搜卖树木，并及坟林，名之曰“啄木虫”。古书名画，前人所藏，借与人而不还，或为婢仆所窃，糊窗覆瓿[3]，裱背包裹，间有全者，贱售于人，名之曰“吃书鱼”。家产既尽，无以谋生，尘甑鱼釜[4]，衣敝履穿[5]，借斗粟而人不应，投急亲而亲不礼，名之曰“饿老鸱”。财散人空，栖身无所，寒冬寄宿于他家，闲日游食而不改，口馋身懒，负义灭亲，求一日之苟安，忘明日之长计。鸟有不能为巢者，寒天宿于枯树，自啼曰：“冻杀我，冻杀我！天明起来垒个窝。”及至日出，忘却夜寒，飞而复啼曰：“日头出来暖和和，不垒窝，不垒窝，得过且过！”名之曰“寒号虫”。

注释

[1] 外嬖（bì）：宫禁外的宠臣（包括男宠）。

[2] 囊橐（tuó）在人：钱物都依靠他人。囊橐，指行李财物。

[3] 糊窗覆瓿（bù）：把名家的书法真迹去盖坛子、罐子；把史书撕下来糊窗子。形容糟蹋斯文。黄山谷云：“擘书覆瓿，裂史黏窗，谁不惜之？”瓿，小瓮。

[4] 尘甑鱼釜：指贫穷的无粮可炊。《后汉书·独行传·范冉》载，桓帝时以冉为莱芜长，因遭母忧，不到官，结草室而居。“所止单陋，有时粮粒尽，穷居自若，言貌无改，闾里歌之曰：‘甑中生尘范史云，釜中生鱼范莱芜。’”

[5] 衣敝履穿：衣服破败，鞋子穿孔。形容极度贫穷。

跋

先大人惠安公，十一而孤，十六持家，性任侠[1]，耽情诗酒。南走吴楚，北游燕赵，虽海内薄有才名，而所以取重于大老者，重然诺[2]，周困乏[3]，排人之难，解人之纷，岂独以诗文著以官迹显耶？至于治家，宽然有道，勤俭合宜。田夫野老之言，商贾懋迁[4]之事，有可采者，必录投囊中，以此利弊咸悉，得失在心，效而为之，百不失一。先太父柱史公，遗产不及中人，先大人胸有成画，造无米之釜炊，成空中之楼阁，皆能以无生有，以少胜多，自童年以至古稀，未尝沦踬[5]窘乏，非承基之有余，殆创业之无不足也。虽蠢逢阳九，蠹鱼生灾，而门户犹瓦全无恙者，亦以此耳。不肖行等，折箸多年，每于谋生事，株守无策。先大人切责之余，复作训言数则，名曰《家政须知》。盖欲以示子孙，非敢以公世好也。因念手泽所存，时时捧诵，岁久恐致湮没，谨付剞劂，藏为世训。后之子孙或读之而不能行，行之而不获报者，命也，天也，不得谓先大人贻谋之不周云。

康熙壬戌五月谷旦不肖男慎行谨识

注释

[1] 任侠：尚气节有担当，而乐于助人。

[2] 重然诺：诚信，重视诺言。然，“是”。

[3] 周困乏：周济贫困。

[4] 懋迁：贸易。

[5] 沦踬（zhì）：落泊；困顿。

孝友堂家规、家训

孙奇逢

导读

《孝友堂家规》作于顺治十七年(1660),当时孙奇逢已是77岁高龄。鉴于当时一些士大夫家庭由于不讲家规身范,子弟不守礼法而导致的“坏名灾己,辱身丧家”的情况,他依据先人传下来的慈孝家风,制定了此家规。《家规》分前言、后言,附家祭仪注。孙奇逢认为教家立范,品行为先,他以“安贫以存士节”为家规首条。随后又以“孝友为政,立祠举祀其先务也”。其次孙奇逢又以协调和睦为宗旨,论及兄弟、妻妾、宗党的亲属关系,他认为这些都与家族的兴盛有关,所以必须妥善处理。孙奇逢还认为立身当谨:“谨言以杜风波”“暗修以淡声闻”“好古以择趋避”。孙奇逢认为这些都是人们日常生活所要面对从事者。孙奇逢又以居家之道,八口饥寒,治生也学者不废,故最后以“克勤以绝耽乐之蠹已;克俭以辨饥渴之害心”为终。后六则辑录了孔子、周公、马援、刘备、柳玭、王阳明等历史上六位名人的教子言论,每则附孙奇逢的解释,以问答的形式杂论宗法,礼仪诸事,已不纯是对家族成员的训诫。

《孝友堂家训》一书乃孙奇逢之子孙奏雅、孙韵雅,及其孙孙淦所辑录的孙氏训其子、侄、孙之语。在这部家训中,孙奇逢详细阐述了读书做人、治家教子的道理。如关于读书,孙奇逢认为:“尔等读书须求识字，或曰焉有读书不识字者，余曰：读一‘孝’字便要尽事亲之道，读一‘弟’字便要尽从兄之道。”关于做人，孙奇逢主张：“与人相与，须有以我容人之意，不求为人所容。颜子犯而不校，孟子三自反。此心翕聚处不肯少动，方是真能有容。”关于治家，孙奇逢以为：“居家之道，须先办一副忠实心，贯彻内外上下，然后总计一家标本缓急之情形，而次第出之。本源澄澈，即有淤流，不难疏导。患在不立本而骛末，浊其源而冀流之清也，得乎？一家中男子本也，父慈子孝，兄友弟恭，本之本也。本立矣而末犹萎焉，必其立之之根本未固耳。”关于教子，孙奇逢指出：“士大夫教诫子弟，是第一紧要事，子弟不成人，富贵适以益其恶。子弟能自立，贫贱益以固其节。从古贤人君子，多非生而富贵之人，但能安贫守分，便是贤人君子一流人。不安贫守分，毕世经营，舍易而图难，究竟富贵不可以求得，徒自丧其生平耳。余谓童蒙时便宜淡其浓华之念。子弟中得一贤人，胜得数贵人也。”

作者简介

孙奇逢（1584—1675），字启泰，号钟元。明末清初理学大家。明万历二十八年（1600）中举人，但不料此后多次参加会试都没有考中，加之又遭遇父母丧事与明清易代，目睹了人世间的沧桑巨变，于是便绝意仕进。后人将其与李颙、黄宗羲合称为明末清初三大儒。晚年讲学于河南辉县夏峰村20余年，从者甚众，世称“夏峰先生”。孙奇逢一生著述颇丰，他的学术著作主要有：《理学宗传》《圣学录》《北学编》《洛学编》《四书近指》《读易大旨》五卷及《书经近指》。

家规

迩来[1]士大夫绝不讲家规身范，故子若孙鲜克由礼[2]，不旋踵[3]而坏名灾己、辱身丧家，不知立家之规，正须以身作范。祖父不能对子孙，子孙不能对祖父，皆其身多惭德[4]者也。一家之中，老老幼幼、夫夫妇妇各无惭德，便是羲皇世界[5]。孝友为政，政孰有大焉者乎？舜值父母兄弟之变，汤武值君臣之变，周公值兄弟之变，虽各无惭德，然饮泣自伤[6]，乌能愉快于无言之地？吾家先徽以慈孝遗后人，所垂训辞世守勿替，余因推广其义，为十八则，愿与子若孙共勉之。

安贫以存士节。

寡营以养廉耻。

洁室以妥先灵。

斋躬[7]以承祭祀。

既翕[8]以协兄弟。

好合以乐妻孥[9]。

择德以结婚姻。

敦睦以联宗党。

隆[10]师以教子孙。

勿欺以交朋友。

正色以对贤豪。

含洪[11]以容横逆。

守分以远衅隙[12]。

谨言以杜风波。

暗修[13]以淡声闻。

好古[14]以择趋避。

克勤以绝耽乐之蠹己。

克俭以辨饥渴之害心。

右十八则，无非先人所常言者，余参以己意而次第之。盖教家立范，品行为先，故首存士节、养耻心。孝友为政，立祠举祀其先务也。谢叠山[15]曰：兄弟不和，家庭间尽是戾气[16]，虽有妻子之乐，不乐矣。然兄弟不和，多开隙[17]于妻子。《易》："家人，利女贞。"夫子以好合。先既翕而得父母之顺，亦可知矣。婚姻之事，家之盛衰攸关。论财不论德，宜君子不入其乡也[18]。家有长幼，孰是可以诈伪相接[19]？朋友信之，己不信而能得人之信，其谁与我？子孙不肖，祖父之教不先。古人易子而教，自童蒙即为择师，爱而不劳，禽犊[20]之爱也。与贤豪相对，最不可有媚悦之色；与妄人相值[21]，亦当存自反之心。衅隙之开，风波之招，非多事则横议[22]，守分谨言，庶乎免矣。声闻过情[23]，君子耻之。趋避不审[24]，不学无术耳。暗修好古，君子日用所从事者，端在于斯。居家之道，八口[25]饥寒，治生[26]亦学者所不废，故以勤俭终焉。凡此皆吾人分内事，人人可行，人人不肯行。余为此规，不敢望之天下，不敢望之一国，窃欲望之一家，因取先圣先贤所以教戒子弟者，偶录六则于左，以为家规榜样，其亦可参观而悟矣。

孔子之教伯鱼[27]也，曰："不学《诗》，无以言，不学礼，无以立。"淑性情，固筋骸，立身之大端尽此矣。

周公谓鲁公[28]"故旧无大故，则不弃"[29]，何其仁也；"无求备于一人"，何其恕也。仁且恕，世岂有外焉者乎？

马援戒其子也[30]，曰："闻人过失，如闻父母之名，心可知，口不可言。"此涉世之道焉。

汉昭烈[31]云："勿以善小而不为，勿以恶小而为之。"此真圣贤集义迁善要诀，不谓英雄人能见及此。

柳玭之戒其子弟也，曰："不识儒术，不悦古道[32]，身既寡知，恶人有学，胜己者嫉之，佞己[33]者扬之，以衔杯[34]为高致，以勤事为俗流。"此最中人膏肓之病。

王阳明曰："我子弟苟[35]远良士而近凶人，是谓逆子。"亲师取友之谊，夫岂有外焉者哉？

右六则，因与子若孙所常言者，随笔录之。此六则之义，千万人言之不尽，千万世用之不尽，凡我子孙，其绎斯言。

注释

[1] 迩（ěr）来：从某时以来；从那以来。

[2] 鲜：少。克：能。由礼：遵循礼教。

[3] 旋踵：意指掉转脚跟，形容时间极短。

[4] 惭德：亦作"慙德"。因言行有缺失而内愧于心。

[5] 羲皇世界：太古时代。羲皇，伏羲氏，汉族传说中的上古部落首领。古人想象伏羲以前的人，无忧无虑，生活闲适，礼义俱全。

[6] 饮泣自伤：形容伤心欲绝。饮泣，泪流满面，进入口中，形容极度悲痛。

[7] 斋躬：祭祀前躬下自己的身子，整洁自己的内心，形容身心虔敬。

[8] 既翕（xī）：语出《诗经·小雅·常棣》"兄弟既翕，和乐且湛。"翕，

聚合。

[9] 孥（nú）：儿女。

[10] 隆：尊崇。

[11] 含洪：同“含弘”，包容博厚。

[12] 衅隙：裂缝。引申为意见不合，感情有裂痕。

[13] 暗修：潜心修习。

[14] 好古：崇尚前人。

[15] 谢叠山：南宋抗元将领，诗人。名枋得，字君直，号叠山，江西省弋阳县周潭乡人，与文天祥同科中进士。

[16] 戾气：邪恶之气。

[17] 开隙：开启争端。

[18] 论财不论德，宜君子不入其乡也：语出吕坤《闺范》“婚娶而论财，夷虏之道也，君子不入其乡。古者男女之族，各择德焉，不以财为礼。”

[19] 孰是：谁，哪个。诈伪：弄虚作假，伪装假冒。

[20] 禽犊：动物。

[21] 与妄人相值：与无知妄为的人碰到一起。妄人，无知妄为的人。

[22] 横议：物议，非难。

[23] 声闻过情：名声超过实际。

[24] 不审：不察，未审察。

[25] 八口：指一家人。语出《孟子·梁惠王上》：“百亩之田，勿夺其时，八口之家可以无饥矣。”

[26] 治生：经营家业，谋生计。

[27] 伯鱼：孔子的儿子孔鲤，字伯鱼。

[28] 鲁公：指周公的儿子伯禽，封于鲁。

[29] 故旧无大故，则不弃：语出孔子《论语·微子》：“故旧无大故，则不弃也；无求备于一人。”意为旧友老臣没有大的过失，就不要抛弃他们，不要对人求全责备。

[30] 马援戒其子：应为马援戒其兄之子，参见《戒兄子马俨马敦书》。

[31] 汉昭烈：蜀汉昭烈帝刘备。

[32] 古道：指的是传统的正道。

[33] 佞己：巧言谄媚自己的人。

[34] 衔杯：谓饮酒。

[35] 苟：如果，假使。

家规后言

或问：“《文公家礼》冠婚人子之始[1]，丧祭人子之终，规中何止言婚与祭，而不及冠与丧也？”曰：“生今反古[2]，灾及其身；冠已久废，宁待今日？至送死[3]足当大事，愚不肖尚知自勉。子孙而贤，贫富贵贱，因时制宜，此何待言，亦不必言，非略也。”

问：“礼者天理之节文[4]，还是主严，还是主和？”曰：“礼离和失其真，和离礼无其节。节文从天理出，二者自不容分之为两。‘礼之用和为贵’一章，看圣人说话是一是二。”

问：“齐家之难，难于治国平天下，家迩[5]天下远，家亲天下疏，何以难？”曰：“正惟迩则情易辟[6]，正惟亲则法难用。夫家之所以齐者，父曰慈，子曰孝，兄曰友，弟曰恭，夫曰健，妇曰顺。反此则父子相伤，夫妻反目，兄弟阋墙[7]，积渐而往，遂至子弑父，妻鸩夫，兄弟相仇杀，庭闱衽席[8]间皆敌国。从来均平天下之人，每于此多动心忍性，盖法制所不能束、禁令所不能施。以此思难，难可知矣。”

问：“张公艺[9]九世同居，得力在忍。夫同居义取于和，忍则情有不堪，而袭同居之名，似非君子所贵？”曰：“必有忍乃其有济，忍正所以成其和也。如心实不和，强为含忍，势必至积怒深怨，决裂不可收拾。居同而心异，何如居异而心同？古今四方，皆一家人，岂必合聚同堂，乃为一家乎？国运家运，离析分崩[10]，皆非人所能自主。仁人孝子亦与时偕行，分合同异，无庸有成心也。”

问：“家不齐，多因妯娌不和，遂伤兄弟之好。或妾恃宠以夺主母之权，至继母毒害前妻子女，其祸人身家、败人名行更甚。当何道以处之？”曰：“《易》不云乎，‘君子以言有物而行有恒[11]’，《诗》曰‘刑于寡妻，至于兄弟，以御于家邦[12]’，此千古家规也。身范不端，向妇人女子求齐，道无由[13]矣。”

问宗法。曰：“儒者论风俗，必先立宗；宗之为言，相率尊之云尔。先王知人耳目心志，不可无所宗也，故有大宗、小宗之说，约其视听之所注、趋向之所主，而不至于涣散，此宗法也。古宗必有禄秩[14]而后立，故其尊比于君，长宗之人不敢以其分临之。以今时而谈古宗，则难矣。仁人孝子，严祠祀以萃暌离[15]，缉谱牒以明昭穆[16]，以族之长而贤、身为人宗者主祭祀，是犹行古之道也。念庵[17]有尊尊老老贤贤之说，以行辈长者主之曰尊尊，行卑年高者主之曰长长，行与年不足而有德曰贤贤。”

问：“墓祭非古然与？”曰：“上古之葬，不封不树[18]。既封且树，则吾先人之衣冠凭焉，敢不敬诸！故非有大故，则不敢轻去坟墓，重之也。重之而何可不敬也？时俗清明扫墓，七月十五献麻谷，十月初一送寒衣，犹有古之遗意焉。春秋凄怆，人情与天道合，而爱敬之诚，动乎不容已。墓祭废，而四时之祭未有能行者矣。人心之醇，风俗之厚，于此攸关，祭之时义大矣哉！”

注释

[1]《文公家礼》：传为宋代朱熹撰，共十卷。冠婚：指冠礼与婚礼，也有称成人礼。

[2] 反古：违反古制、古训。

[3] 送死：送终。

[4] 节文：指制定礼仪，使行之有度。

[5] 家迩：家近。

[6] 辟：古同“睥”，眼睛斜着向旁边看，形容傲慢的样子。

[7] 阋墙：指兄弟不和睦。

[8] 衽席：引申为寝宿之所。

[9] 张公艺：郓州寿张人，历北齐、北周、隋、唐四代，寿九十九岁。《旧唐书》载：“郓州寿张人张公艺，九代同居。麟德中，高宗亲幸其宅，问其义由。其人请纸笔，但书百余‘忍’字。高宗为之流涕，赐以缣帛。”

[10] 离析分崩：形容国家或组织分裂瓦解。

[11] 君子以言有物而行有恒：本句意为君子说话、写文章都要有内容，行动上一定要持之以恒。

[12] 刑于寡妻，至于兄弟，以御于家邦：本句意为，先给妻子做榜样，再给兄弟好的影响，凭这治家和安邦。刑，表示楷模仪范。寡妻，指嫡妻。

[13] 无由：没有这样的门径。

[14] 禄秩：官吏食禄的品级。

[15] 萃睽离：将要分离的情势重新聚集起来。萃，聚集。睽离，分离。

[16] 缉：古同“辑”，收集。谱牒：亦作“谱谍”，记述氏族或宗族世系的书籍。昭穆：宗法制度对宗庙或墓地的辈次排列规则和次序。

[17] 念庵：罗洪先（1504—1564），字达夫，号念庵，江西吉安府吉水黄橙溪（今吉水县谷村）人，明代学者，王阳明学派的重要继承者和开拓者。明世宗嘉靖八年（1529）中状元，授翰林院修撰，迁左春坊赞善。被罢归后，终日著书讲学。卒后赠光禄少卿，谥文庄。著有《念庵集》二十二卷，《冬游记》一卷。

[18] 不封不树：既没有封土堆，也不种植树木。

附家祭仪注

晨起栉沐[1]后，入祠三揖。自入小学便不可废。

朔望焚香拜。

元旦昧爽[2]，设祭四拜。四仲月用分至日，各设祭，行四拜礼。令子孙供执事。

凡佳辰令节，寒食寒衣皆拜设时食。

忌辰设食拜，子孙素食，不宜享客。

有事出门，焚香拜。归亦如之。

吉庆事，卜期设祭。

儿女婚姻焚香以告，生辰弥月设食以献。

新妇庙见设祭，主妇率之行礼。

凡祭，妇人另行礼，各如仪。

久离丘垅[3]，兼之萍踪未定，蘋藻疏违，负疚[4]中夜。迩日即次稍安，移先位于斯堂，庶朝夕得依灵爽[5]。凡我子若孙，入庙思敬，不待病子之告教[6]。酌立仪注[7]，愿身先之，不敢与当世论礼也。

注释

[1] 栉沐：梳洗。

[2] 昧爽：拂晓，黎明。

[3] 丘垅：坟墓。

[4] 负疚：感到内疚，抱歉不安。

[5] 灵爽：指神灵，神明。

[6] 告教：告喻教诲。

[7] 仪注：制度，仪节。

家训

示诸孺子曰：孩提知爱，稍长知敬，此性生之良也。知识开而习操其权[1]，性失初矣。古人重蒙养，正以慎所习，使不漓[2]其性耳。今日孺子转盼[3]便皆长成，此日蒙养不端，待习惯成性，始思补救，晚矣。家运盛衰，亦何常之有？父父、子子、兄兄、弟弟，元气固结，而家道隆昌，此不必卜之气数也。父不父、子不子、兄不兄、弟不弟，人人凌竞[4]，各怀所私，其家之败也，可立而待，亦不必卜之气数也。端蒙养是家庭第一关系事，为诸孺子父者各勉之。

士大夫教诫子弟，是第一紧要事，子弟不成人，富贵适以益其恶。子弟能自立，贫贱益以固其节。从古贤人君子，多非生而富贵之人，但能安贫守分，便是贤人君子一流人。不安贫守分，毕世经营，舍易而图难，究竟富贵不可以求得，徒自丧其生平耳。余谓童蒙时便宜淡其浓华之念。子弟中得一贤人，胜得数贵人也。非贤父兄，乌能享佳子弟之乐乎？

示奏雅等曰：汉有孝弟力田[5]科，尔等只读书明农，便是真学真士。孔子曰："幼而不能强学，老而无以教。"吾耻之。今日教尔等以孝弟力田，正老夫不负烛光之一念也。

晨起率子若[6]孙祠堂焚香，群从续至，谓之曰：我等聚族而处，佳辰令节，生忌朔望，得来祠堂瞻礼，是祖父之魂气常在，儿孙之诚敬常存也。只此是人生第一吃紧事。明此而为农，是良善之民。明此而为士，是道义之士。祖父恬熙[7]于上，儿孙敦睦于下，岂非一室之太和，而一家之元气哉？愿我子孙，世世勿替。

知勇辩力尔等不足，谨厚朴拙尔等有余。夫知勇辩力，四者皆民之秀杰，然不能恶衣食耕凿以自养，反不如谨厚朴拙之安分而寡过也。吾家先祖百年颂佛而不衰者，正谓其谨厚朴拙耳。多一分智巧，损一分元气。尔等培此朴拙之心，便是真能守祖之孝子顺孙。

甲辰在容城，博儿、洤孙先归苏门，谓之曰：学问须验之人伦事物之间，出入食息之际。试思尔等此番何为而来，能无愧于所来之意，便是学问实际。诗文经史，皆于此中着落，身心性命，皆由此中发皇。省得此理，随时随处，皆有天则，便无虚过之日。

为浩、溥、沐、浴、溶、汉六孙延师，谕之曰：尔等未离孩提稍长之时，正在知爱知敬之日。吾家自高祖以来，忠厚开基，今孝友堂尚依依如新也。尔为兄者宜爱其弟，为弟者宜爱其兄，大家和睦，敬听师言，行走语笑，各循规矩，程明道[8]谓洒扫应对，皆精义入神之事。莫谓此等为细事也。圣功全在蒙养，从来大儒都于童稚时定终身之品。尔等勉之。

尔等读书须求识字，或曰焉有读书不识字者，余曰：读一“孝”字便要尽事亲之道，读一“弟”字便要尽从兄之道。自入塾时莫不识此字，谁能自家身上一一体贴求实，致于行乎？童而习之，白首不悟，读书破万卷，只谓之不识字。王汝止讲良知，谓不行不算知。有樵夫者窃听已久，忽然有悟，歌曰：“离山十里，柴在家里。离山一里，柴在山里。”如樵夫者，乃所称识字者也。

元日祠堂语群子弟曰：清明在躬[9]，志气如神。尔等乘今日元旦，洗涤旧染，嘉与维新。一人砥砺，便是一好男子；大家砥砺，便成一好人家。叔季中三代，乐莫乐于此，贵莫贵于此。

语立雅等曰：与人相与，须有以我容人之意，不求为人所容。颜子犯而不校[10]，孟子三自反。此心翕聚[11]处不肯少动，方是真能有容。一言不如意，一事少拂心[12]，即以声色相加，此匹夫而未尝读书者也。韩信受辱袴下，张良纳履桥端，此是英雄人以忍辱济事。静修之言曰：“误人最是娄师德，何不春生未唾前[13]。”学人当进此一步。

古人读书，取科第犹第二事，全为明道理做好人。道理不明，好人终做不成者，惰与傲之习气未除也。洒扫应对，先儒谓所以折其傲与惰之念。盖傲惰除而心自虚，理自明，容色词气间自无乖戾舛错[14]，事父、从兄、交友，各有攸当，岂不成个好人？日用循习，始终靡间，心志自是开豁，文采自是焕发，沃根深而枝叶自茂。尔等今日辨一虚心，实实务除其傲与惰之念。下学在是，上达在是，先后本末，一以贯之，不知者只见为洒扫应对而已。

居家之道，须先办一副忠实心，贯彻内外上下，然后总计一家标本缓急之情形，而次第出之。本源澄澈，即有淤流，不难疏导。患在不立本而骛末，浊其源而冀[15]流之清也，得乎？一家中男子本也，父慈子孝，兄友弟恭，本之本也。本立矣而末犹萎焉，必其立之之根本未固耳。立之之道岂有已时？本分自尽者，并不见吾分有圆满之日。古人榜样，一一具在，只不听妇人言，便有几分男子气。

注释

[1] 习操其权：学习操练权术。

[2] 漓：薄，本作“醨”。

[3] 转盼：转眼。

[4] 凌竞：战栗、恐惧的样子。

[5] 孝弟力田：汉代选拔官吏的科目之一。始于惠帝时，名义上是奖励有孝悌德行和能努力耕作之人。弟，通“悌”。

[6] 若：及。

[7] 恬熙：安乐。

[8] 程明道：程颢，宋代著名理学家，洛阳人，与程颐为同胞兄弟，世

称“二程”。

[9] 清明在躬：形容人的心地光明正大，头脑清晰明辨。语出《礼记·孔子闲居》：“清明在躬，气志如神。嗜欲将至，有开必先。”

[10] 颜子犯而不校：颜回从不计较别人的无理冒犯。校，计较。

[11] 翕聚：会聚。

[12] 拂心：违逆其心意。

[13] 误人最是娄师德，何不春生未唾前：此句意为，唐代娄师德提出“被人唾面让其自干”的观点，确是误人之谈，而应该在被人唾面之前就把事情解决好。据说，有一次，娄师德的弟弟被朝廷派去做代州刺史，在临别之际，娄师德说道：“我现在是宰相，你也做了高官，我们这一家的身份现在是很高贵了，但是如此一来肯定会招来有心之人的嫉恨，那么我们怎么办呢？”他的弟弟回答：“如果今后有人朝我脸上吐口水，我也决不会反抗，把口水擦去就行了。”但是娄师德却说道：“这还不够，人家朝你吐口水是生气的表现，你把口水擦掉，会使别人更加愤怒。你应该欣然接受，让口水慢慢变干。”这就是成语“唾面自干”的来历。娄师德，字宗仁，郑州原武（今河南原阳）人，唐朝宰相、名将。

[14] 乖戾：指性情、言语、行为等不合情理。舛错：错乱，不正常。

[15] 冀：希望。

父母于赤子[1]，无一件不是养志。人子于父母，只养口体，此心何安？无论慈父慈母，即三家村老妪养儿，未有不心诚求之者。故事亲若曾子[2]，仅称得一个“可”字。

谓韵雅曰：汝幼年理家务，吾虞[3]其废业也。然陆象山[4]当家三年，自谓学问长进。米盐零杂，至细碎矣，综理有道，便是学问。至长幼尊卑，内外男妇，性情不同，好恶各异，黾勉[5]有无，能得其帖心输意[6]，此非仁至义尽者不能。志气从此立，学问从此充，虚心实体，当自得之。

博雅问：贫贱如何是不以其道得之？曰：颜子裕为邦之略而箪瓢陋巷，原宪釜甑生尘而辞禄九百[7]，总因富贵是人之性命，紧说着不处，人只是欲；贫贱是人之仇敌，紧说着不去，人只是恶。贫贱原与道近，做圣贤全在此处体验。孔、颜造下这局面，要入此门，嫌贫贱不得。

人生第一吃紧，只不可见人有不是。一见人之不是，便只是求人，则亲疏远近，以及童仆鸡犬，到处可憎，终日落坑堑中矣。臣弑君，子弑父，亦只是见君父有不是处耳。可畏哉！

示四侄维雅曰：本分二字殊难尽，子臣弟友而求其能，皆本分也。谁能尽此本分者？尧舜周孔，于本分内不能增得一毫。增一毫于本分内，便多一毫于本分外。

谓望雅等曰：汝兄家报，谓汝等不可各用己见。十年来我于忍之一字着力，忍即恕也。各就一字下手，自见得力。汝兄此言，却是老夫平昔处己处人自愧未能者。既以此相勉，当大家策励，实实近里着己用工，不可徒以口说。“百忍堂中有太和”，此话从体认中来。

谓奏雅等曰：眼界欲宽，胸襟欲廓，而得力着手处，却要枯寂收敛。约则鲜失，愿尔曹共讲求此义。“大得却须防大失，多忧原只为多求”，此语可作约字注脚。

此中风俗，极重婚丧之礼。前辈创行固难，后人遵行非易。余十五年目击心识，就中有以行礼而反失礼之意者，不可不堪酌而损益之。是在秉礼君子力为之砥，不必定与俗同也。

谓度雅大侄及奏雅、韵雅曰：汝三人学稼[8]，吾虑不明习此事而小视之也。舜耕历山[9]，伊尹耕莘野[10]，孔明耕南阳[11]，此是何等勋业。孔子于樊迟[12]何鄙而小之。此中道理甚活，正不相悖。舜、尹躬耕时，浑身备礼义信之用，故能升闻发迹。孔子大道为公，正欲偕[13]及门共兴东周，纳[14]斯世斯民于凿井耕田，家给人足，岂区区以百亩之不治为忧哉？今日寄居苏门，不耕无以为养，且无以置吾躬也。不有耕者，无以佐[15]读者，况负薪挂角[16]，古人何尝不兼尽于一身？吾老矣，此躬不力，望汝等并耕不怠。

示尚儿暨淳、溥两孙曰：学不长进，病坐在不虚己[17]。以舜禹之圣，而好察乐善拜善，孔子之圣，四友六侍[18]，颜子之贤，而问不能问[19]。寡人之取善，岂有定方？善之所在，虽路人之言，臧获[20]之智，皆当取之。取诸人，乃所以与诸人也。故君子莫大乎与人为善。曲士[21]俗学，只喜闻誉，恶闻过，遂自闭取善之门，而阻人乐告之路。德何由进，业何由修？所谓自暴自弃也。尔等以文会友，便是进德修业之时，莫只作书生雕虫小技也。以文会友，以友辅仁，文与仁有本末，而非二事。与胜己者友，须先虚心，至听其言与吾有未安处，宜平心思之，思之而未安，又须平心定气，与之相商，惟恐我见未克，未能尽其所长，则无不收师友之益矣，便是进德修业实际功夫。

示应试诸子孙曰：涿州史解元家子弟赴试，老者肃衣冠设席以饯，命之曰："衰残门户，赖尔扶持。"今老夫所望于尔辈扶持者，又不专在此也。为端人，为正士，在家则家重，在国则国重。所谓添一个丧元气进士，不如添一个守本分平民。九十岁老人，所以报答天地父母者，此区区一念耳。淦孙秋捷[22]，谓之曰：些小得意与些小失意而遂改其常度[23]者，固是器识之小，正缘不知学之故。不学墙面[24]，人生不幸，莫大于是。尔今日立身之始，须有一段抵挡流俗之志。

丧祭之废也久矣，所不废者独三年之丧耳。自期以下，冠服之制，皆略不为意。即三年之丧，亦仅存仪节。所称必诚必信，勿之有悔，而不茹荤、不御内[25]者，亦罕矣。祭祀之礼，一用流俗节序[26]，燕亵[27]不严，真实讲求祭义者，谁其人哉？风俗之淳，人心之厚，必自慎终追远始。

示八侄趣雅曰：行己有耻，对无耻而言也。狷者有所不为[28]，对无所不为而言也。贤不贤之分，岂相远哉？夫无所不为，正是其无耻处。故孔孟每提一"耻"字以激励人。知所用耻，则不及人不为忧矣。

谓潜孙曰：天下无无事之人，或读或耕，或出或守，莫不各有当然之则。如尔父在故园代我守祖父坟墓，尔来苏门代尔父侍老夫眠食，尔七叔在外处馆佐尔五叔农事之不及，尔十叔日与朋友讲习代我应酬笔札，尔十一叔、十二叔寒寒暑暑侍老父寝处。虽日用饮食之事，皆性命流行之会也。永兴来视我，且得与其女儿叙十八年之疏违，中皆有天则焉。认得此意，则日日在天理人情上讨受享，不得此意，则日日在梦迷中，所谓罔[29]之生也。尔性颇慧，我望尔知学，学之不已，悦乐自生。善守祖业者，守此而已。

语永兴侄孙曰：尔祖宰[30]武城归里之日，仍以馆谷偿负债。尔祖母、尔父俱不免于饥寒，闻者见者，莫不怜之。鹿忠节公独爱而起敬，谓非古之廉吏，不至此。吾家沐阳公以廉吏起家，尔祖能绳其武[31]，我辈俱得为清白吏子孙，较以金帛田宅遗后人者，荣多矣。尔祖常语余曰："沐阳公一任[32]，止受新生公宴细二匹，弟今日仍觉于先德有愧也。"惟自觉有愧，始无愧耳。留余忌尽，天之道也，当常处其不足，以为可增可加之地。若增无可增，加无可加，立刻索然矣。为尔计，要安分耐穷，教子弟读书，不失礼于宗族乡党。法祖在此，立身在此。

谓浍孙等曰：孟子深戒暴弃[33]者，谓非人暴之，乃自暴之也，非人弃之，乃自弃之也。暴弃不在大，亦不在久。一言之不中礼义，一事之不合仁义，即一言一事之暴弃也。行庸德，谨庸言[34]，终身慥慥[35]，方得免于自暴自弃。

语立雅等曰：朋友谏诤，须求有济，不可自谓直谅，令人有难受之实，徒贻拒谏之名。忠告善道犹后，积诚而动，自令人不忍负。不信，未可轻言谏也。

谓立儿曰：忆汝姊归宁[36]时，吾家长幼男妇，无不肃然起敬。盖孝事舅姑，和睦妯娌，惟身有之，所以言之，能启人听闻。今汝来此，弟若侄将于汝取型焉。当晨夕告教，令耕者读者各勉其所有事，勿忽勿怠，勿较劳逸，勿存行迹。以好合既翕，而得父母之顺，则家庭之间，便是唐虞三代。何乐如之！

注释

[1] 赤子：刚生的婴儿。

[2] 曾子：又叫曾参，春秋时期鲁国人，是孔子的弟子。

[3] 虞：忧虑。

[4] 陆象山：陆九渊，字子静，号象山，世人称存斋先生，江西省抚州市金溪县陆坊青田村人。南宋著名理学家、思想家和教育家，宋明两代“心学”的开山之祖。

[5] 黾（miǎn）勉：亦作“黾俛”。勉励，尽力。

[6] 帖心输意：心中顺服，心怀开敞。

[7] 原宪：字子思，宋国（今河南商丘）人。孔子弟子，孔门七十二贤之一。原宪出身贫寒，个性狷介，一生安贫乐道，不肯与世俗合流。孔子为鲁司寇时，曾做过孔子的家宰，孔子给他九百斛的俸禄，他推辞不要。孔子死后，原宪遂隐居，茅屋瓦牖，粗茶淡饭，生活极为清苦。釜甑：釜和甑，都是古炊煮容器。

[8] 稼：种植谷物，亦泛指农业劳动。

[9] 舜耕历山：《史记》载：“舜耕历山，渔雷泽，陶河滨，作什器于寿丘。”舜耕历山，历山之人皆让畔；渔雷泽，雷泽上人皆让居；陶河滨，河滨器皆不苦窳。只要是他劳作的地方，便兴起礼让的风尚。他到了哪里，人们都愿意追随他，因而“一年而所居成聚，二年成邑，三年成都”。后来舜继尧之位成为上古五帝之一。

[10] 伊尹耕莘野：意为，伊尹在有莘之野种地。伊尹，相传夏末商初助汤伐桀的商代大臣。生于空桑（今河南嵩县），长于伊水，未协助汤伐桀时曾耕于有莘之野。

[11] 孔明耕南阳：诸葛亮在未出山时曾在南阳的卧龙岗耕作。

[12] 樊迟：春秋末期齐国人，一名须，字子迟。孔子学生。《论语·子路》记载他曾向孔子请教种田、种菜的事，因而遭到孔子的小视。

[13] 偕：共同，在一起。

[14] 纳：接受，接纳。

[15] 佐：辅助，帮助。

[16] 负薪挂角：指边劳动边读书，不畏辛苦。负薪，背着柴草，汉代朱买臣背着柴草读书。挂角，把备读的书挂在牛角上，隋代李密骑在牛背上读书。

[17] 病坐在不虚己：意为毛病是由于自己不够虚心。坐，介词，因为，由于。

[18] 四友：孔子四友分别是颜渊、子贡、子张、子路。六侍：颜回、冉伯牛、子路、宰我、子贡、公西华。

[19] 颜子之贤，而问不能问：意为以颜回这样贤良的人，还要向没有才能的人请教，向知识少的人请教。

[20] 臧获：古代对奴婢的贱称。

[21] 曲士：乡曲之士，比喻孤陋寡闻的人。

[22] 秋捷：秋试中式。

[23] 常度：固定的规律或法度。

[24] 墙面：言以面向墙，目无所见。比喻不学无术。

[25] 御内：谓与妻子交合。

[26] 节序：节令，节气，节令的顺序。

[27] 燕亵：谓日常家居。

[28] 狷（juàn）者有所不为：狷者对有些事是不肯干的。狷，拘谨，有所不为。

[29] 罔：通“惘”，迷惑。

[30] 宰：主管、主持。

[31] 尔祖能绳其武：意为你们的祖先能延续着以前的足迹前进。比喻继承祖业。绳，继续。武，足迹。

[32] 一任：任官职期满为一任。

[33] 暴弃：突然离弃。

[34] 行庸德，谨庸言：意为平常的德行努力实践，平常的言谈尽量谨慎。语出《中庸》：“庸德之行，庸言之谨；有所不足，不敢不勉。”

[35] 慥慥（zào）：笃厚敦实貌。

[36] 归宁：已嫁女子回娘家看望父母。语出《诗·周南·葛覃》：“害浣害否，归宁父母。”

善诒谋[1]者得一本分自守之子孙，数十年之家运可保勿替。如其为贤人为君子，则所以彰显其祖功宗德者，与山俱高，与水俱长，较之积财置产者，所得不既多耶？此等事庸愚皆知之，贤知者不能也。

“保身于身所大欲，德人于人所不知，守志于志所未得，轻世于世所不惊，乐生于生所聊托，惜福于福所过享，敦让于让所不堪，祈天于天所未定”，真名言哉。录置座右，日夕咀玩[2]，并以示我子孙，共珍之。

言语忌说尽，聪明忌露尽，好事忌占尽。不独奇福难享，造物恶盈，即此三事不留余，人便侧目矣。

前人创业，后人守成，一茅片瓦，守而勿失，此方是承家令子。至于可久之德，可大之业，最易知，最简能，却视为身外之物，非祖父所留遗，任其颓败废弃，绝不肯过而问焉。其于轻重大小之衡，颠倒实甚，度非仁人孝子之心所安也。凡我同人，俱有守业之责，幸先理此业，保而勿失，则安富尊荣，与天无极。其受享岂可以言语形容耶？

甚矣，人心无足时也！逐日营营，总是愿外。不知富不可以求得，越分妄求，余殃在后，贪人之有，有则为人所贪。如欲千百年富贵，此必不得之数也。昔有人自称为富贵之家，客曰：富贵如何便成家也？富贵如以我为家，不应走向他家矣，既走向他家，是以我为逆旅[3]耳。昔郭进建第[4]成，坐诸匠于子弟右，曰："此造屋者。"指子弟曰："此卖屋者。"识者谓为名言。今人为卑官则恨不享大位，及位高而颠踬[5]倾危，回想卑官而受清宁之福，天上矣。布衣粝食，妻子相保，则恨不富贵，一旦祸患及身，骨肉离散，回想布衣粝食、妻子相保时，天上矣。人聪明强健，则恨欲不称心，一朝疾病淹缠，呻吟痛苦，回想聪明强健时，天上矣。古今来无人不犯此病，若能先见一步，早退一步，必也明哲之士。

语诸子曰：吾家孝友堂，尔师鹿忠节额之[6]，山左刘幼孙讳重庆书之，迄今五世矣。常与尔伯叔相勖勉，日夕兢兢，恐负二君题额之意。今尔伯叔已矣，吾老矣，是在尔等勉之。一人不类[7]，便玷家声。孝友非难事，然却非易事。不离日用饮食，总以一念孺慕[8]为主。夫子与子游论孝，曰："今之孝者是谓能养，不敬，何以别乎[9]？"与子夏论孝，曰：色难，服劳奉养，曾是以为孝乎[10]？夫敬不在养之外也，色不在服劳奉养之外也。曾子养曾皙，必有酒肉，必请所与，必曰有[11]则，其敬与色可知已。三必字亦要看的活。孔子疏水曲肱[12]，颜子箪瓢陋巷，亦有行不去时。故余常谓：养口体未尝非养志也，矫而行之则伪矣。此处岂容得一毫伪为哉？夜来老夫久不成寐，呼韵儿语，杂念渐清，沐孙睡醒，起为老夫搔背痒。余谓韵儿曰：此念便从孺慕中出，可称孝友堂子弟矣。晨起书之以志勉。

示澜孙曰：尔父既来夏峰，故园祠墓，惟尔是寄，子弟成立，惟尔是赖，宗族乡党之和睦，亲戚朋友之酬应，皆尔身任之。规模宜宽大，处事宜平和，凡事有不得者，皆求诸己。先儒有言："母氏圣善，我无令人，孝子宜以此自责。臣罪当诛兮，天王圣明，忠臣宜以此自责。宁人负我，勿我负人，交友宜以此自责。”即此推之，圣贤原无求人之理。故夫子于子臣弟友曰：“我无能一焉。”盖原是能不尽的，一见为已能，则其亏缺多矣。尧舜犹病，到底只是犹病。文王未见，到底只是未见。开之未能信，到底只是未能。道理无尽头处，故学亦无歇手处，只一自满，便全盘放下矣。

谓潜孙曰：家运之盛衰，天不能操其权，人不能操其权，而已实自操之。父慈子孝，兄友弟恭，男正位于外，女正位于内，即贫窭[13]终身，而身型家范为古今所仰，盛莫盛于此。如身无可型，而家不足范，当兴隆之时，而识者已早窥其必败矣。

谓洤孙曰：汉家举孝廉，然《汉史》却无孝子传。传孝友自《晋史》李密始。东堂忿捐，犹非本色。乃知真孝子，固非等闲人也。《论语》“孝弟为仁之本”，《孟子》“尧舜之道，孝弟而已”，又曰“仁义礼智乐之实，总归于事亲从兄”。尧舜，唐虞之孝子也，孔子，春秋之孝子也。孙文正谓孝友之士，宜在朝廷，孝者所以事君也。为子不孝，断未有为臣而忠者。训人家子弟，只教之以孝弟，则其造福于人也大矣。老夫生平承良友提携，勉之以为真孝廉，迄今抱愧于心。子其勉之。

语浩、溥、沐、浴、溶、汉暨用桢曰：忆昔汝祖父读书江村，一时应童子试者六人，伯顺谓余曰：“郎君等不必俱发科登仕，只本分孝弟力田，不失前辈书香，便是天地间第一等人家。”今言犹在耳，老夫倏忽九十一岁，孙、曾应试者，又七人。余之欲命尔等者，江村老友已代余命尔之祖若父矣。尔等第长奉此言，便是孝友堂佳子弟。

谓诸子曰："居家勤俭，孰为居要？"博雅曰："勤非俭，终年劳瘁[14]，不当一日之侈靡。《书》曰：'慎乃俭德，惟怀永图'，子曰'礼与奢也宁俭'，似俭尤要。"望雅曰："一生之计在勤，一年之计在春，一日之计在寅。治家治国，治身治心，道岂有先于此者乎？似勤尤要。"曰："二者皆要，尤要在克勤克俭之人耳。八年于外，三过门不入，方得地平天成，万世永赖，如非其人，胼手胝足[15]，朝经夕营，何济乃事？宋仁宗夜半惜烧羊之费，恭己化成，几致刑措。若唐文宗举衫袖示群臣曰：'此衣已三澣矣。'虽云俭德，然受制家奴，自谓不如赧、汉[16]，泣下沾襟，亦何益乎？勤俭一源，总在无欲。无欲自不敢废当行之事，自无礼外之费，不期勤俭而勤俭矣。"

注释

[1] 诒（yí）谋：同"诒燕"。为子孙妥善谋划，使子孙安乐。

[2] 咀玩：细细品味。

[3] 逆旅：客舍；旅馆。

[4] 建第：建造房子。

[5] 颠踬：败亡，倾覆。

[6] 额之：写的牌匾。

[7] 不类：不肖。

[8] 孺慕：本指幼童爱慕父母之情，后来引申为对老师长辈的尊重和爱慕的亲切之感。

[9] 夫子与子游论孝，曰："今之孝者，是谓能养；不敬，何以别乎？"：语出《论语》：子游问孝。子曰："今之孝者，是谓能养。至于犬马，皆能有养。不敬，何以别乎？"（译文：子游问怎么做才是尽孝。孔子说："现在人们认为的孝，是能养活父母。其实，连狗马等牲畜都能得到饲养，这样做有什么稀奇的呢。假如对父母不敬的话，供养父母与饲养狗马有什么区别呢？"）子游，孔子弟子，姓言，名偃，字子游。

[10] 与子夏论孝，曰：色难，服劳奉养，曾是以为孝乎：语出《论语》：子夏问孝，子曰："色难。有事，弟子服其劳；有酒食，先生馔，曾是以为孝乎？"（译文：子夏问什么是孝，孔子说："长期在长者面前保持和颜悦色是很困难的。长者有事，年轻人替他们劳动；有美酒好食时，让长者享用，就这些能以为是孝吗？"）色难，和颜悦色不容易。

[11] 曾子养曾皙，必有酒肉，必请所与，必曰有：语出《论语》：曾子养曾皙，必有酒肉；将彻，必请所与，问有余，必曰，"有"。（译文：从前曾子奉养他的父亲曾皙，每餐一定有酒有肉；饭后要把剩菜撤走的时候，一定问要拿给谁吃；如果曾皙觉得那道菜特别好吃，希望家人都能吃到，问还有没有多余的？就是没有，曾子也一定说还有，使他安心受用。）

[12] 孔子疏水曲肱：语出《论语》：子曰："饭疏食饮水，屈肱而枕之，乐亦在其中矣。"（译文：吃粗糙的饭，喝冷的水，弯着胳膊当枕头，快乐就在其中了。）

[13] 贫窭（jù）：贫乏，贫穷。

[14] 劳瘁（cuì）：亦作"劳醉"。辛苦劳累。

[15] 胼手胝足：手脚上磨出老茧。形容经常地辛勤劳动。胼、胝，老茧。

[16] 赧（nǎn）、汉：指周赧王和汉献帝。皆因即位衰世，受制于人，卒致亡国，故并称。

于清端公治家规范[1]

于成龙

导读

《于清端公治家规范》是于成龙为改变当时社会的一些陋习而对家人所做的训诫。全书共四十二条，对家人的日常生活言行做出了严格的规定。作者首先强调以孝悌作为立家的根本。指出："孝为百行之原。父母生儿，能有几个身显荣亲的。就是力田贸易，肩挑负贩者，皆可随分以养亲。但要把父母时时刻刻放在心里，时时刻刻顶在头上。"其次，要求子弟要做到勤劳兴家、经营有道、乐善好施。另外，他主张为人处世要宽和忍让，指出："不可结怨于人，人之最难忘者感恩、积恨二端，施恩于人尚有忘者，积恨于人则透入骨髓，未有不思报者。"最后，他谆谆告诫子弟："以上四十二条，皆我亲身阅历，件件有着。凡我后人，勿谓其迂远而忽之也。"

作者简介

于成龙（1617—1684），字北溟，号于山，清代山西永宁州（今山西吕梁方山县）人。历任罗成县知县，四川合州知州、湖广黄冈知州，代理武昌知府，福建按察使、布政使、巡抚和总督，加兵部尚书、大学士等职。康熙二十年（1681）入京觐见。后升任两江总督，不久便在任上去世。死后追赠为太子太保，谥号“清端”。于成龙在20余年的宦海生涯中，以卓著的政绩和廉洁的一生，深得百姓爱戴，据说他去世时，木箱中只有一套官服，别无余物，南京市井百姓闻之无不痛哭流涕。

传[2]曰：“君子不出家而成教于国。”则是家有教也。正惟一家有教，一国观感，相习成风，而仁让兴焉矣。故居今日而欲陋习丕变[3]，当自士大夫之家倡之。为作家训，以示后人云。

一、孝为百行之原。父母生儿，能有几个身显荣亲的。就是力田贸易，肩挑负贩者，皆可随分以养亲。但要把父母时时刻刻放在心里，时时刻刻顶在头上。读书明理者，以养志为先。愚夫俗子，亦勉力养其口体，依依膝下，始终孺慕[4]。第一不可听妻子之言。如有不孝，族人公罚。

一、弟兄形虽有二，溯源于父母之身，究竟还是一个人。若弟兄仇敌，只为看做两个，所以参商。我今立训，同爨[5]者宜一室和气，若是分居，亦要彼此联属。为兄者当爱，为弟者当敬，患难相恤[6]，贫富相顾，不肖相劝。勿听妻子之言，而伤手足之情。如有不遵者，朝廷法律具在，莫贻后悔。

一、族中之人，皆吾祖宗一脉。譬如树之有干，毕竟落叶归根。彼族中老幼，奈何其不睦乎？今人见族中之富贵者，羡为荣耀。见族中之贫寒者，多生厌恶。此种心肠，岂可以对祖宗？我今立训，凡系族人，不分枝派远近，不论人品贵贱，俱照长幼执礼。倘敢高下异视，照不睦条议罚。

一、士农工商，各执一业。子弟十二三岁时，贤愚已定。贤者做向上事，愚者亦别令其执一艺，庶不致闲旷其身。到了长成，还可以赡养妻子。若一姑息，或听其暴弃，鲜不贻[7]后日之悔也。

一、族人不知读书之乐。侥幸博一青衫[8]，自以为万事皆足。至于科第一节，皆诿之于阖郡[9]风水。不知发过先达，尽系读书之人。岂风水之说，独不应于我辈乎？愿我家子弟，破除积习。做童生，下一番苦功望进学。做秀才，下一番苦功望中举。即使数命不偶[10]，艰于遇合，道理明透，亦不被人目为不通。

一、四民[11]之首曰士，原期读书明道，较愚人迥出一头，故称之秀才。岂知一做秀才，惹祸招灾，总从一念之放肆起。我愿子弟，小心敬畏。虽进学与平人无异，埋头读书。设有非礼之来，当以理遣。如果有干身家，始许理论。切勿呼朋引类，做出非为的事来，那时悔之晚矣。

一、士子幸而上达[12]，身虽贵显，居家切要勤俭，不可奢靡。待人务宜谦先[13]，不可骄傲。

一、有田之家，率其佃仆，及时耕种，及时耘耨。宁先时，毋后时。仍不时亲身董率[14]。勿自家懒惰，委之家人。

一、种田不离田头，深耕易耨是其本分。勤得一分，多得一分之利。仍要积聚粪灰，地肥则苗盛。于农暇之时，就想到来岁耕耘之时，有当备用之物，乘闲置办。虽遇丰年，所获纵多，亦不可浪费，少留储蓄，以备凶荒。田有隙地，必种瓜菜之类，畜养猪鸡以补不足。

一、朝廷钱粮，依期封纳[15]，不可拖延，为里中顽民。

一、生意之人，或开店，或行商，俱要早起晚睡，不可偷安。语云：

“不将辛苦意，难取世间财。”

一、居家要俭。当念钱财非易，衣服饮食，惟期适口充身，不可浪费。吾永宁地土硗瘠[16]，而天时又亢涝[17]靡定，少有所蓄，庶可以备荒年。

一、驭仆婢体恤劳苦，轸念[18]饥寒，不可近狎，亦不宜疏远。临之以庄[19]，驭之以礼。至要，至要。贵显之后，乡党之间，禁其放肆，则又宁严毋宽也。

一、结亲惟取门当户对，不可攀高，亦不可就下。司马温公曰：“嫁女胜吾家，娶妇不若吾家。”二语切记切记。女夫儿妇[20]，俱要一一访实。如仪容恶疾之类，慎之于始，不可以一言之合，辄将儿女轻许。至于聘财妆奁，但当量其家计大小，不可过费，恐伤元气。

一、丧葬俱按《文公家礼》行。父母年至六十，则衣衾棺木之类，俱当及时置办。

一、祭祀祖先，或时祭，或忌日，牲醴[21]、汤饭、纸钱，量力设备。男妇依序行礼，不可疏略。

一、夫妇之间，当思一“敬”字。梁鸿、孟光之举案齐眉[22]，千古称为美谈，敬而已矣。如今夫妻反目不和，只为太狎。太狎则不敬，不敬则变生莫测矣。是故居室之间，当如宾客，自然刑于之化以起，门内之和以生。至于彼此骂詈，辱及其身，则又祖宗之罪人也。岂足语于人道乎？倘有小家女，不敬祖先，不尊丈夫，敢用污言詈夫，并辱宗祖者，以不孝律出之。

一、凡年至四十无子，方许置妾。嫡妻不得妒忌。如不遵此训，照七出条[23]出之。其夫亦不得纵妾凌妻，犯者合族公罚。

一、贵显之家，有故交寒士在座，觉得另有一番韵致。若有骨鲠之士[24]、文学之人在座，则愈显其休容之度[25]矣。子弟贵显者，切莫疏慢士类。

一、人家生儿子，自然是聪明者佳。但聪明人每多刻薄，则暗中亏折了许多福分。常见尖颖之人，终于落薄，庸庸之人，反享厚福。一系聪明发泄已尽，一系天机浑含不露，所以受用各有不同。我劝聪明子弟，以宽厚宅心，庶可邀和平之福。

一、子弟将成人之时，性情易扰。不许结交淫朋浪友，如与不端之人往来，为父兄者急早禁绝，以防其渐。

一、子弟年幼，早晚不时稽查，不许远离膝下。即从师在学，亦必访察功课。倘有旷业之日，则根究踪迹，大加振刷[26]，勿事姑息。

一、子弟居室，早则十八岁，迟则二十岁，切不可再早。恐元气未壮，致成虚怯。

一、子弟家居，饮食动作，俱教以规矩。事上接下，俱教以礼数。勿致放荡，恐久久便成狂妄。

一、子弟出外，必禀命于父兄，反必面[27]。妇女外出，必禀命于公姑，反必面。不许擅自出入。

一、人家子女，到五六岁时，男则从师，颖悟[28]者望其上进，愚鲁者束其身心，不致将来有佻达[29]之虞。从小姑息，长大废弃，皆为父者贻之也。孔子曰："爱之能勿劳乎。"女孩儿即教其纺绩，再长则教其针黹[30]，仍约束其骄傲之性。妇主中馈，为母者亦须教导。务要早起晚睡，不可令其懒惰。头足修饰，不可令其垃埸。语言谨慎，不可令其纵肆。行止端庄，不可令其轻浮。若纵而不教，一到夫家，不成材料，不执妇道，牵惹辱罚，皆为母者贻之也。子女所关匪细，为父母者慎之。

一、闺门要严肃，虽系中表[31]至亲，务要男女有别，远嫌别疑。不可同席而食，同坐而语。宅中分别内外，昏夜之间，女不出，男不入。女子有事，夜行以烛。男子年交十六，早晚非奉呼唤，不许擅入内宅。

一、妇女不许入寺观烧香拜会。惟在家念佛持素不禁。

一、妇女惟正事出外，用金珠服饰。在家则家常服饰，不得乔妆艳服。

一、妇女不幸而夫早夭，应该守节为是。其或青春年少，不能终节者，不妨善言尽伊父母，令其改适，以免意外之诮。

一、致富由勤，人尽知之。我谓“公道”二字，乃致富之要诀。常见世人欺慢愚人，巧诈取财。或戥[32]秤升斗，出入各别，也有赚钱起家的。究竟巧里来，拙里去，明里来，暗里去。盖由出此心一欺，必干[33]天谴，终成无益。何如任天由命，永保福基。故我谓“公道”二字，其致富在“勤”字之上。

一、富贵是命里带来的，自不必说。然亦非铁汁镕成的。天道恶盈，若无德以迓[34]之，恐转而消折矣。

一、钱财盈丰，千仓万箱，不过属你管辖，不可看作万年不拔之基。若遇好事不做，遇贫难不施，不过一守财虏耳。或者博施济众，上天鉴之，必永享富厚也。

一、居心不可刻薄。天地长养万物，只是一个仁，仁则并包无外。今人当处处以仁存心，所见所行所言，自无暴戾之习。纯是一团蔼然和气，福慧油然而生，为子孙不知存了多少地步，自家那里觉得？

一、立身贵高。高非高傲之高，只是不可把自家的身子卑了，同流合污是也。须要看得自己身子重，自然非礼不为。视一班苟贱趋奉者，如坐泥涂，我之身岂不抬高几十层乎？

一、人贵立志。志非大言不惭之谓也，乃念念向上一等做去。譬如我志在富，则当勤俭以致之。所趋者在那一等，自然所得者即在那一等。所谓有志者事竟成也。

一、莫谓神明当敬也，敬神明不如敬心。莫谓此心可欺也，欺此心即是欺天。心存正直，天知神敬，心存欺诈，鬼祸灾生。从古欺心做坏人者，曾有几个到头？

一、世间当行与不当行者，善恶两途，天之福人与祸人者，亦善恶两途。勿谓些小之善不足纪，善念一生，天必降之福。勿谓些小之恶无足畏，恶念一生，天必降之灾。二者不分大小，只在人举念间耳，《太上感应篇》注得分明。

一、不可结怨于人。人之最难忘者，感恩、积恨二端。施恩于人，尚有忘者，积恨于人，则透入骨髓，未有不思报者。所以吾人处世当存一宽大之念，不独驭事留其有余，就是言语之间，也不可过锐。我出于一时之无心，而人竟积为终身之怨阶矣。

一、凡事不可做尽。人力不逮于我，我不可穷人之力。人势不及于我，我不可使尽其势。即言语之间，不妨让人一句。略得便宜，抽身便转，讨了许多受用。

一、人终身体认一个“忍”字。小不忍则乱大谋，忍得一分，受用一分。父子不忍，则乖天伦。兄弟不忍，则成吴越。夫妻不忍，则鱼水反目。朋友不忍，则气谊参商[35]。居家不忍，则乖气致戾。世情不忍，则变起仇敌。甚而一言不合，戈矛顿起。人命反掌，悔焉莫及。不忍之害大矣，可不慎诸！

以上四十二条，皆我亲身阅历，件件有着。凡我后人，勿谓其迂远[36]而忽之也。

注释

[1] 于清端公治家规范：于清端公于成龙《治家规范》是他数十年守身处世经验的总结，共四十二条。据清余治原编，杨钟钰、蔡文鑫重辑《重订得一录》转录。

[2] 传：一般指的是《论语》。

[3] 丕变：大变。语出《书·盘庚上》："罔有逸言，民用丕变。"

[4] 孺慕：依恋、亲敬。孺，相亲。

[5] 同爨：同灶炊饭。《礼记·檀弓上》："或曰：'同爨缌。'"孔颖达疏："既同爨而食，合有缌麻之亲。"

[6] 患难相恤：遇到患难彼此互相救助。恤，体恤，周济。

[7] 贻：遗留，留给。

[8] 青衫：古时学子所穿的服装。此指取得微小的秀才功名。

[9] 阖郡：全城。阖，全。

[10] 不偶：不合。引申为命运不好。

[11] 四民：指士、农、工、商。泛指古代对平民职业的分类。

[12] 上达：上进显达、发达，指官职得到进升。

[13] 谦先：当作"谦光"。《易·谦》："谦尊而光。"孔颖达疏："尊者有谦而更光明盛大。"后因用"谦光"，指谦退或谦退的风度。

[14] 董率：督率。

[15] 封纳：封装交纳。

[16] 硗（qiāo）瘠：土地坚硬而贫瘠。

[17] 亢涝：干旱与洪涝。亢，大旱。涝，水灾。

[18] 轸（zhěn）念：辗转思念。引申为关怀之意。

[19] 庄：庄重严肃。

[20] 女夫儿妇：女儿出嫁，儿子娶亲。

[21] 牲醴（lǐ）：祭祀用的牺牲和美酒。

[22] 举案齐眉：汉代梁鸿和孟光夫妇相敬如宾的故事，见《后汉书·梁鸿传》。

[23] 七出条：七出又称七去、七弃。古代汉族婚俗之一，规定夫妻离婚时所要具备的七种条件，当妻子符合其中一种条件时，丈夫及其家族便可以要求休妻（即离婚）。妇人七去：不顺父母，为其逆德也；无子，为其绝世也；淫，为其乱族也；妒，为其乱家也；有恶疾，为其不可与共粢盛也；口多言，为其离亲也；窃盗，为其反义也。

[24] 骨鲠之士：刚直不屈的人。鲠，同“耿直”。

[25] 休容之度：善美宽容的度量。

[26] 振刷：整肃。

[27] 反：同“返”。面：面见。

[28] 颖悟：聪颖有悟性。

[29] 佻达：轻薄放荡；轻浮。

[30] 针黹（zhǐ）：针线活儿。

[31] 中表：古代称父亲的儿子为外兄弟，称母亲的兄弟姊妹的儿子为内兄弟。外为表，内为中，合称“中表兄弟”，故称与他们之间的亲戚关系为“中表”。

[32] 戥（děng）：亦作“等”，一种称量金银、药品的小秤。

[33] 干：这里是冒犯的意思。

[34] 迓（yà）：迎接。

[35] 参（shēn）商：参商二星此出彼没，两不相见。比喻两人意见不统一或不和睦。

[36] 迂远：迂阔而不切实际。

定国公家训

戴明说

导读

戴明说这篇家训由三封家信组成，分别是写给他的长子纶、次子缙、三子绥、四子杰，此外还有孙子晏的。第一封信中对二子示以三达德，即“智”“仁”“勇”这三大品行，五达道，即君臣、父子、夫妇、昆弟、朋友这五种伦理纲常的日常应对。在信中戴明说将这三种品行、五种伦理分别展开，加以分析，并以自身的经验与理解加之古人的教诲进行深入浅出的训诫。第二封信中，戴氏则从“兹有读书治心之道焉，有日用治心之道焉。”两方面入手，谆谆教育二子要：“如念《论语》，便想在我身心上学是何事；念《大学》，便想在我身心上明德是何事、明明是何事；”“读书治心之道云何？日用治心之道如何？秀才家且谩讲君臣即如父子也。父母责望我的，勉力为之；父母嗔怪我的，勉力去之。成父母之善，勿成父母之不善。”第三封于孙晏的信，则从善莫大于孝，恶莫大于淫两点反复叮咛，温言训诫，从中可见于子孙的脉脉深情。

作者简介

戴明说（yuè）(1608—1686)，河北沧州人，字道默，号岩荦，道号定园。崇祯甲戌（1634）科进士。曾任户部陕西司主事督通州西仓，吏科给事中，礼科右给事中、太常寺少卿，大理寺少卿，户部右侍郎、都察院右都御史，广西布政使，刑部左侍郎，户部尚书，太仆寺卿等职。诰授资政大夫。顺治十七年（1660）辞去官职。著有《定园诗集》《定园文集》《六朝诗集》《邹鹿合编》《定园未刻草》《偶见录》行世。戴明说工书善画，所画墨竹得吴镇法，尤精山水。清世宗曾赐予银质巨章。其书法博大奇奥，不让古人，有“二王”之风。

示纶、缙二子曰：余因少不闻道，不胜追悔，今与汝等骤讲[1]无极，直谈天命，恐汝等一时信不及。且与汝等平实商量，可乎？

世人皆有三达德[2]，实践于五达道[3]。今执涂改人而诮之曰：尔呆人，狠而无用之人也，必不受。可见，智、仁、勇是人人有的而力行实践者。

在达道[4]焉，汝等暂而家食[5]，君臣且缓说。现今汝等不尝有父子乎？父母有过举[6]，当几谏[7]之；父母有善行，当勉力而成之；父母之望汝何事，虽苦必勉；父母之嗔我何事，虽苦必改；父母如有艰难、委屈，当极意体贴。若痛痒不关与瞻望规避，俱是待路人的，岂是待父母的？汝等清夜体察，各人当求心上过得去才是。若上而祖宗，朔望必虔，祭祀必诚。下而子女，原是天合[8]，当：一，以平心养育，不可轻生爱憎；一，以正直教诲，不可但事姑息，如任意悠忽，今日昏昏颦笑，即酿出异日种种之戈矛[9]。汝仰观《春秋》所记，近观吾家之事，得便宜失便宜，溺思爱处留灾祸，可不慎乎？至于各家训子，尤当以身先之，勿令后人笑曰：夫子教我以正，夫子未出于正也。甚矣，孝慈之道宜讲也。

汝等不有夫妇乎？当抚以恩者不恩，天地鬼神痛悯矣；当裁以义者不义，天地鬼神愤恨矣。人至一门之内，衽席[10]仇敌，肘腋胡越[11]。静言思之：有粟鸟食周南始于关雎[12]，可怀也；桀、纣亡于褒、妲，可畏也。急还天理，横制波靡[13]，速思变计，永遗良谋。甚矣，义听之道宜讲也。

汝等不有兄弟乎？弟有气柔者当教高明[14]，有质刚者当教沈潜[15]，有器量疏阔[16]者当教以缜密，有规模狭隘者当教以大言[17]。求其人服，不在威仪；求其可久，欢不在杯酒。弟道进而兄道益光矣，不然，弟不肖将来必为兄累。甚矣，友恭之道宜讲也。

汝等不有朋友乎？尊贤嘉善[18]，恭谨必先容众。矜，不能器宇多阔[19]。待君子必须诚谨，待小人尤宜小心，勿示以可乘之衅隙，庶几可消来来之风波。甚矣，敬无失恭，有礼之道宜讲也。扩而充之至宗族，必睦人，物必恤。即奴仆下厮，亦当贵之以可受之衍，予之以自新之路；宁对以青天白日之心肠，勿虐之以酒后茶前之喜怒。此尽人性物性之所有事也，汝等如身体力行，识见自然高明，德业自然光大，我再与汝讲求太极天命可乎？

如闻我言而信而行，我心则喜。闻我言而未必信且行，毕竟是我道力不大，不能感化汝等，惟有自怨自艾[20]，以为终身端本澄源[21]之计耳，奈之何哉！善事宜为，善言难遇，祈天求命，敬哉勿忽。

壬寅腊月老父言，粘之二子左右，以当顾是[22]。

注释

[1] 骤讲：突然讲授。无极：古代哲学中认为形成宇宙万物的本原。以其无形无象，无声无色，无始无终，无可指名，故曰无极。

[2] 三达德：语出《中庸》，指“智”“仁”“勇”此三大品行。

[3] 五达道：五典。语出《礼记·中庸》：“天下之达道五……曰君臣也、父子也、夫妇也、昆弟也、朋友之交也。”朱熹集注：“达道者，天下古今所共由之路，即《书》所谓‘五典’。”

[4] 达道：明白、彻悟道理。

[5] 家食：赋闲，不食公家俸禄。

[6] 过举：错误的行为。

[7] 几谏：对长辈委婉而和气的劝告。

[8] 天合：指父子兄弟等血亲关系的亲人。语出，苏轼《哭王子立次儿子迨韵》之二：“恨子非天合，犹能使我思。”

[9] 戈矛：矛盾，冲突。

[10] 衽席：卧席，引申为寝居之处。

[11] 胡越：比喻敌人或对立的关系。

[12] 有粟鸟食周南始于关雎：《国风·周南·关雎》这首诗是《诗经》开篇的第一篇。古人看来，夫妇为人伦之始，天下一切道德的完善，都必须以夫妇之德为基础。《毛诗序》的作者认为，《关雎》在这方面具有典范意义，所以才被列为“《风》之始”。

[13] 波靡：比喻倾颓的世风、流俗。

[14] 高明：谓性格高亢爽朗。

[15] 沈潜：指人性深沉柔弱。

[16] 疏阔：豁达。胸襟开阔。

[17] 大言：指谋划大事之言。

[18] 嘉善：善良，美好。

[19] 阔：粗疏，不细密。

[20] 自怨自艾：原意是悔恨自己的错误，自己改正。现在只指悔恨自己的错误。怨，怨恨，悔恨。艾，割草，比喻改正错误。

[21] 端本澄源：也指正本清源，从根本上加以整顿清理。

[22] 顾是：回头看，泛指看。

示绥、杰二子并晏孙曰：我与汝讲太极、说天命，一时准不及，我也与汝平实商量。

圣贤不过求放心。兹有读书治心之道焉，有日用治心之道焉。读书治心之道云何？如念《论语》，便想在我身心上学是何事；念《大学》，便想在我身心上明德是何事、明明是何事；念《庸》《孟》[1]，便想在我身心上性命是何事、仁义是何事；念《名》《文》《程》《墨》[2]，此理路在我身心上是何事，实实体究，在在省察，如不明透，再与师友讲究，即此便是收放心，此即是真学问。若口诵书，手搦管[3]，满腔春思乱想，究竟无用，无论心里想声色货利[4]，不是即想青紫[5]，亦名根耳，一切剪除，自然入道如箭。

日用治心之道如何？秀才家且谩讲[6]君臣即如父子也。父母责望我的，勉力为之；父母嗔怪我的，勉力去之。成父母之善，勿成父母之不善。以至亡母、存母、继母，务一一竭力尽心焉，这才是养志。即间有家庭难处之事，亦当修身以俟之[7]，积诚以感之，相机几谏以图之。至哉，先辈之言曰："父母慈而子孝非难，父母不慈而子孝，此舜德之所以光千古也。"推之，一动一静勿忘父母的遗体[8]，一颦一笑皆是父母的性情，稍稍屑越[9]便是违背了天明地察了。能于父母前收得一失、忍行一屈，便是真学问，便是真福泽，此治心第一义也。

注释

[1]《庸》《孟》：指《中庸》《孟子》。

[2]《名》《文》《程》《墨》：指《名贤句》《文选》《二程遗书》《墨子》。

[3] 搦（nuò）管：握笔。

[4] 声色货利：贪恋歌舞、女色、钱财、私利。泛指寻欢作乐和要钱等行径。货，指钱财。利，指私利。

[5] 青紫：本为古时公卿绶带之色，借指高官显爵。

[6] 谩讲：不要讲。

[7] 俟之：等待。

[8] 遗体：指亲生子。

[9] 屑越：轻易捐弃，糟蹋。

再而夫妇。天地间哪有妇人制住男人的，多是男子不肖，或重花柳而轻糟糠，或私婢仆而厌荆布[1]，或肆宠姬妾而干犯名分。自己忸怩[2]，模范先颓[3]，遂而积惭成爱，积爱成怯，要忤公婆也凭他，要问兄弟也凭他，只从自己便人欲之图[4]，遂至决裂，不可收拾。要肯自己端正身心，必检喜怒、必饬威[5]，如之，吉日新月盛矣。此治心于夫妇也。

即如兄弟之间，灯窗观摩，当言可行之言，勿戏嬉；当行可言之行，莫苟且。劝规不用盛气则听从易，情义勿涉比匪则步趋端[6]。至若秀才积习：自夸名士风流、才人韵致，一切尖酸讥弹浮浪举动，宜一切尽断。又有独坐能持，一遇朋从，听人说忍不住便说，见人干忍不住便干。总之，识力不完[7]，兄倡弟和，逐浪随波，平生检点，一旦败丧，尤宜斩钉截铁，始终如一，此治心于兄弟也。

至于朋友，其尊嘉容矜，与教纶、缙者同。然世人责白屋寒素之心常恕[8]，责纨绔子弟之心常苛。汝等待人即恭敬谦虚十分，正当待常人一分，尤不可不加意耳，此治心于朋友也。

日用之间，心无处不在，则无处不存圣贤阶梯，即在于此。汝等于此实实身体力行，若有得时，再与汝讲太极天命可也。嗟嗟，时过一年，人增一岁，天道革故鼎新[9]之会，即学者改过迁善之时。若图戴一新帽，着一新袍，便为卒岁[10]计，此庶人之行耳，岂不可惜？呜呼！祸淫福善，天理昭然，上帝临汝，勿勿尔心，敬哉！

注释

[1] 荆布：对自己妻子的谦称。

[2] 忸怩：羞愧。

[3] 颓：败坏。

[4] 人欲之图：要克制人欲的想法。图，计划。

[5] 饬威：整饬自己的威仪。饬，整顿，使整齐。

[6]“劝规不用……”两句：意为在不动盛怒时规劝是比较容易的；在不涉及自己亲人的时候讲究情义行为上都比较端正。比匪，不是亲近的人。语出《易·比》：“比之匪人。”王弼注：“所与比者皆非己亲，故曰比之匪人。”步趋，追随，效法。

[7] 不完：不深。

[8] 白屋：指平民或寒士。寒素：门第寒微，地位卑下。

[9] 革故鼎新：旧指朝政变革或改朝换代。现泛指除去旧的，建立新的。革，改变，革除。故，旧的。鼎，树立。

[10] 卒岁：度过岁月。

再示孙晏曰：我前言似尽，再谆教汝有两言焉，不过庸言二句，曰：善莫大于孝，恶莫大于淫而已。

从来与子言孝亦寻常事耳，何必谆谆。即如汝祖今行年五十有四，当初少年夏笠冬毡，远村荒野，备尝苦辛，不过求一日发迹释亲忧[1]耳。及弱冠已后，滥竽科名，光复家道，支撑先绪[2]，自谓可减罪衍。迄今想来，不过博得一无限之讥谗[3]，酬之以百千之拂郁[4]耳。然而汝祖魂梦中不敢一毫生怨尤，不忍一毫计施[5]受诸。凡有理可竭，有心可尽者，黾勉是图[6]。曰：吾人职分当如是，儒者学问当如是耳。

至今日之事，汝已觉苦，我从旁观之，叹曰：一包闰书[7]方才开封，万里崎岖今才发轫[8]。正谓：世上做庶子易，做嫡子难；做无知无识之庶子易，做知南知北之嫡子难；做诸人家之嫡子易，做戴家之嫡子难。我言至此，泪随笔下矣。

我今为汝计，无论清夜旦昼，必急将先儒所谓深爱、和气、婉容，实实体备于身，任有流谗，我视听于聋聩；任有小杖[9]，我当之如木石，死心踏地，实实起敬、起孝，扩充至梦魂寝影无愧所生，自然会忍耐。具[10]终身果能诚正，我大物小，岂屑小所能侵烁！始而苦，久而安。即天地鬼神必然鉴佑，而天性有不感通者乎？盖以人之气志，愉乐则昏忧，危则明明、则实实抱负咎[11]之念焉，则益明矣。人之筋骨，晏安则靡、折磨则强，强则实实具隐匿之行[12]焉，则益强矣。困横我一分，即成就我一分，砥励我一日，即光明我一日，此我所谓善莫大于孝，当勉者此也。

淫，恶名也。何以戒？我见素丰之家，把据家婢、私仆若做常事，始犹厌然[13]扭捏，终焉顽钝无忌，不曰快乐，即曰风流，渐至廉耻道丧，去禽兽不远。今日与汝言者，非但制淫，事实要去淫心也。必于尔室清夜细检色根，穷究诛锄[14]，斩钉截铁，方才有济。不然今日忧愁，暂尔安恬，不知根柢潜伏，一刻豫泰[15]，习气旋发，而况青紫得意时乎？刻刻察治，实实打扫，一断百断，一了百了，方是贤豪。不迩声色[16]，不殖贷利，此真圣贤，下手功夫，此所谓恶莫大于淫，当戒者，此也。

汝家新房一片，上下百人，我见至孝大慈，亲疏无间，幽明[17]合掌，顶天立地，此有汝母一人耳。我与汝俱男子也，可不愧死入地哉！今与汝约：自今以后，凡我有不善之行、不善之心，汝当直谏，我必悦服。汝有一切动念，举足可请教处，不妨切实商量。我祖孙树起脊骨，铁定心肠，交相勉励，敬以有成，则一室救过之天伦，远胜千里告善之朋友矣。傥[18]国人称颂曰：夫夫[19]也，此严荦髦而力修所教之贤孙也，岂不快哉！若夫生前九鼎，殁后焚黄[20]也，俗之愿也，我至不存焉。癸卯腊月再谕。三支十八世孙戴汝庆焚沐句读。

注释

[1] 释亲忧：消除亲人的担心。

[2] 先绪：祖先的功业。

[3] 讥谗：讥议和谗谤。

[4] 拂郁：愤闷。拂，通“怫”。

[5] 计施：计策施展。

[6] 黾勉是图：勉强也要谋取。

[7] 闱书：文书。

[8] 发轫：拿掉支住车轮的木头，使车前进。借指出发，起程。

[9] 小杖：古代刑具之一。

[10] 具：又如。

[11] 负咎：抱愧，自感有对不起人的地方。

[12] 隐匿之行：本义为隐藏。此处指他人无法揣度的行为。

[13] 厌（yā）然：躲躲藏藏的样子。语出《大学》：“小人闲居为不善，无所不至，见君子而后厌然。”

[14] 诛锄：除灭；诛杀。

[15] 豫泰：欢喜，快乐；平安，安定。

[16] 不迩声色：不近淫声与女色。

[17] 幽明：人与鬼神。

[18] 傥：同“倘”。

[19] 夫夫：意为这个男子的意思。语出《礼记·檀弓上》：“曾子指子游而示人曰：‘夫夫也，为习于礼者。’”郑玄注：“夫夫，犹言此丈夫也。”

[20] 焚黄：旧时品官新受恩典，祭告家庙祖墓，告文用黄纸书写，祭毕即焚去，谓之焚黄。后亦称祭告祝文为焚黄。

蒋氏家训

蒋伊

导读

这部家训是一部家法族规性质的家训。实际上，蒋氏先人曾经制定过一部家训，因此，此部家训当是蒋伊在其先人所定家训的基础上制定出来的，是对其先人家训的补充和修订。全书共六十余条，对有关治家、教子、处世等都有详细的规定。如关于治家，蒋伊认为一要以礼治家，“每月朔望，弟子肃衣冠先谒家庙，行四拜礼，读家训”。二要以俭持家，“不得从事奢侈，暴殄天物。厨灶之下，不得狼藉米粒”。三要宽和待人，“不得逼迫穷困人债负及穷佃户租税，须宽容之”。关于教子，蒋伊主张要恩威并重、奖罚分明。关于为人处世，蒋伊一方面强调与人交易要诚实，另一方主张要助人为乐、行善积德。而书中尤其引人注意的是，蒋伊一方面要求家人多读劝善书及佛经一类书籍，这在以前的家训中是不常见的，也从一个侧面反映了明清善书对家训的影响。另一方面，蒋伊对待妇女的态度较前人有所改变，虽然书中也重复了诸如“女子止主中馈女红纺织事，不得操夫之权，独秉家政，及预闻户外事”等一些陈词滥调。但他却主张让妇女改嫁，规定：“妇人三十岁以内，夫故者，令其母家择配改适，亲属不许阻挠”，“妾媵四十岁以内，夫故者，即善嫁之”。这在贞烈观念日益强化的明清社会是非常难能可贵的。

作者简介

蒋伊（1631—1687），字渭公，号莘田，江苏常熟港口（今张家港市境内）人。清代书画家、诗人。康熙十二年（1673）年进士，官至河南提学副使。蒋伊为官正直，体察民情，廉洁清苦，敢于直谏。有“公明第一”的美誉。因为蒋伊一生政绩突出，康熙帝曾赐有“怀荩兴文”匾额一块，以示嘉奖。蒋伊性情孝悌友善，极负才略，工诗善画，有《莘田诗文集》《蒋氏家训》等传于世。

每月朔望[1]，弟子肃衣冠先谒家庙，行四拜礼，读家训，次谒祖父祖母、父母师长及嫡伯叔嫡兄，俱长揖[2]。

春秋祭扫，先西山赠茔，次北山祖茔，次乌目墩始祖墓。祭品丰俭适中，行四拜礼，奠酒三爵毕，连叩四首。

外祖妣[3]朱氏墓祭品用素，毛安人[4]墓止本家子孙致祭。

家中时祭，元旦奉祀三代祖先五日。春祭清明，夏祭端午、夏至，秋祭中元[5]、十月朔，冬祭长至[6]、除夕。荐新[7]祭新麦、新谷、樱桃、鲥鱼。忌辰祭止祖父母、父母，祭品祭仪不用繁文，务尽诚敬。

西山祖墓须遵宪约，严禁人山头采石及盗卖垄泥。

子弟举动，宜禀命家长，有败类不率教者，父兄戒谕之，谕之而不从，则公集家庙责之，责之而犹不改，甘为不肖，则告庙[8]摈之，终身不齿。有能悔心改过，及子孙能盖愆者，亟奖导之，仍笃亲亲之谊[9]。

友爱异母兄弟姊妹，不得溺妻子言。

早完官税，不得付托匪人[10]，致有侵隐。及贪小利，寄他人田于户上，致稽国赋。

不得从事奢侈，暴殄天物[11]。厨灶之下，不得狼藉米粒。下身亵衣，不得用绫纱，其绵细茧细，或间用之。

不得逼迫穷困人债负及穷困人租税，须宽容之，令其陆续完纳。终于贫不能还者，焚其券。人有缓急挪移，取利不得过二分。

每月朔望放生，家中戒杀，勿食牛犬肉。祭祀、婚丧及仕宦喜庆，俱市五净肉，不得特杀。子孙世世守之。

敬惜字纸，糊窗里物不得用有字纸张。僮仆有能善体此意者，亟奖励之。

不得用极低银，间有误收箧中者即弃之，勿误后人。

收租及各项出入，俱遵我所定准斛[12]准斗，不得改易。

交易及买卖日用等类，不得以重等入、轻等出及用大小秤。

仓场须常自检点，不可作践五谷。

族党子弟有志读书，而贫不能达者，宜引掖[13]之。

宜慎交游，不可与便佞[14]之人相与。少年心性，把握不定，或落赌局，或游狎邪，渐入下流矣。

不得言人闺阃[15]。

宜戒邪淫，家中不许留蓄淫书，见即焚之。

少年血气未定，戒之在色，刻削元气，必致不寿。甚至恶妓娈童[16]，不择净秽，多至生毒，势必攻毒之剂服之，而此身真气消烁殆尽矣。以是身婴[17]疾苦，终为废人。出不得博一命之荣，入则贻父母之累，非不孝而何！父兄当严以教之。

人生世间，荷[18]天地覆载之恩，享祖父留余之荫。农夫水于田，我得而食之，织妇劳于室，我得而衣之。第一宜敬天地，或每月朔望，或逢令节，整肃衣冠，清香一炷，答谢上苍。

不得破人婚姻。

不得恃才凌傲前辈，轻易非笑人文字。

和睦邻里族党，勿听家人及妇人言致争。

读书之暇，宜虔奉《太上感应篇》、《文昌帝君救劫宝章》、《金刚经》、袁了凡先生《功过格》，身体而立行之。

不得轻信巫祝[19]，疾病须择良医，善自调摄，不许祷赛[20]。

嫁娶不可慕眼前势力，择婿须观其品行，娶妇须观其父母德器，一诺之后，不得因贫贱患难遂生悔心。

不可好胜作炫耀事，靡费财力，至窘乏时，悔无及矣。

不得为人买童婢送至远方，致人离乡背井，终身远父母兄弟。

不得谋人风水，方寸[21]若好，吉地自得。

祖墓前有地归我家，而坟是他人者，我子孙不可平之。遇事须平和处之，不得先兴讼端及讦人阴私，出入揭帖。若有出仕者，列款一事，恐波及无辜，尤须慎之。

注释

[1] 朔望：农历初一为朔，十五为望。

[2] 长揖：古代不分尊卑的相见礼，拱手高举，自上而下。

[3] 外祖妣（bǐ）：称已故的外祖母。

[4] 安人：旧时对六品官之妻的封号。

[5] 中元：旧俗以七月十五为中元节。

[6] 长至：冬至，以其夜最长而得名。

[7] 荐新：古代汉族祭祀风俗。以时鲜的食品祭献。《仪礼·既夕礼》："朔月，若荐新，则不馈于下室。"

[8] 告庙：旧时习俗，家有重大事情，须向各祖庙祭告。

[9] 亲亲之谊：亲属之间的情谊。

[10] 匪人：不是亲近的人。

[11] 暴殄天物：原指残害灭绝天生万物。后指任意糟蹋东西，不知爱惜。暴，损害，糟蹋。殄，灭绝。天物，指自然生物。

[12] 斛（hú）：中国旧量器名，亦是容量单位，一斛本为十斗，后来改为五斗。

[13] 引掖：提拔，扶持。

[14] 便佞（nìng）：巧言善辩，阿谀逢迎。

[15] 闺阃（kǔn）：指妇女居住的内室。

[16] 恶（wù）妓娈（luán）童：厌恶妓女，却迷恋容貌美好的家僮。

[17] 婴：缠绕。

[18] 荷：担，扛。

[19] 巫祝：古代称事鬼神者为巫，祭主赞词者为祝；后连用以指掌占卜祭祀的人。

[20] 祷赛：祈福酬神。语出王充《论衡·辨祟》："项羽攻襄安，襄安无噍类，未必不祷赛也。"

[21] 方寸：指内心。

子孙有出仕者，宜常看《感应》《劝善》诸书及《臣鉴录》。慎刑察狱，宁郑重勿轻忽，宁宽厚勿刻薄，并不必好名，此事关系阴骘[1]不少。至讼事勿牵连妇女，我父于闽粤两任，力持此约，我幼时目系之。凡非人命强盗重情及钦件[2]事，不可轻监禁人。

不可势力强取人财，财命相连，得无以此伤人命乎？吕祖[3]尚不肯误五百年后人，况目前哉！

不可为人准词状，此事人极易犯之，我力守此戒已十九年矣。因昔曾为人准一词，而两家结讼，经年不已，致两败俱伤，我深悔之。后人能体我悔过之心，则可谓贤孝矣。

科场分房主考及考试生童，须秉公甄拔[4]孤寒，不可受贿。天人鉴之，鬼神察之。

若登仕籍，不得上书轻言兵事。盖兵之为民祸也烈矣。

积谷本为防饥，或遇饥荒，须量力济人，不得因歉岁反闭糶[5]以邀重价。子孙中有太贤者，更能推我之所未尽救贫济乏、养老育婴，种种善果，天必佑之。

有应验良方可救人者，随力及物[6]。

宜多蓄救火器具，里中有急，遣人助之。

读书于经史正课之暇，佛经中如《华严》《法华》[7]，力之俱足以增长智慧。至大悲期场，可植多生善根，随缘为之，随力为之。若不度德量力，贪信福报之说，而矫揉造作，修桥修寺，便是愚昧。

不得延[8]妓女至家。

女人不得供养尼姑在家。此辈两舌[9]是非，多致离间骨肉。子孙有不守此训者，即为不孝。

正室宜论德不论才色，白头相敬，家之祥也。

女子止主中馈女红纺织事，不得操夫之权，独秉家政，及预闻户外事。蒋氏家训曰："妇女挟制丈夫，凌虐婢妾，不敬翁姑，不和妯娌，虽女子秉性之恶，亦总是男子有以酿成之，故凡事不可使之专制。"

女子但令识字，教之孝行礼节，不必多读书。

女子稍长，每月朔望命其先礼佛，次偈见祖父母及父母，善诲导之。盖女性多鸷[10]，礼佛所以启其慈心也，雍容[11]谒见，所以娴事舅姑之礼也。

儿女长至十岁以大，兄妹姊弟即不得同房而居，合席而食。若兄弟多者，男子长而有室，一二年间即令分居。古人治家，男女不杂坐，不同巾栉[12]，不亲授受，亦此意也。

妇人三十岁以内，夫故者，令其母家择配改适，亲属不许阻挠。若有秉性坚贞，誓死抚孤守节者，听。众共扶持之，敬待之，赒恤之，不得欺凌孤寡。

妾媵[13]四十岁以内，夫故者，即善嫁之。其有天付贞操，确乎不移，誓愿守节者，听。

按此三条，小有违于古人同居之义，风节之思，然于末世中别嫌明微，正有深意，不可以阀阈之家[14]而徒慕虚名也。

外祖妣朱氏十九岁寡居，我母太安人，妣之继女也。母于归[15]后，妣与偕来，同我母食贫艰苦。我长兄、二兄、长姊及我皆妣所抚育，卧则同席，起则出入复之者也。妣至七十八岁卒，墓在西山祖茔之后，苦节六十年，长斋六十年，真节妇也，惜以亡过不合例请于朝。其形容长儿幼时犹仿佛见之。拨祭田十亩授长儿陈锡[16]，俾我长房子孙世奉其祀。

女人不得以多产故，溺杀子女，伤残天理。仆妇中有溺子女者，平日善开谕之，临时善调护之，以育其生。

不得苛虐僮仆，女人不得酷打婢妾，若婢妾无大罪而致其人于死者，告庙出之。夫不能制其妻者，众共绝之。女婢二十岁以内即遣嫁，或配与僮仆，或择偶嫁之，不得贪利卖与人为妾，致误其终身。

家人不许生事扰害乡里，轻则家法责治，重则送官究惩。

不得淫污家人妇，上下纲常，关系甚大。思之，思之。

不得蓄优伶[17]，在外则致争起衅，在内则婢仆嫌疑，尤宜切戒。

司阍人[18]宜择老成谨愿者为之，客至须谦婉致答。

子弟所当痛戒者，以不听父兄师长之言，及妮比[19]淫朋为最。盖择交不慎，则必导以骄奢淫荡之事，诱以贪利黩货之谋，而家风隳[20]、人品坏矣。

子弟择师必须博雅敦厚，束修自好者，厚其修脯[21]，不可徒取时名。

不得久淹[22]父母殡。古人亲未葬则不变服易食，哀亲之未有归也。更不可惑于风水之说，亲既葬而屡行迁掘。夫亲之骸骨，岂为子孙求福利者哉？

宴客有节，不得于滋味着精神，致戕物命。

不得恒舞酣歌，屡为长夜之饮。

交易分明，不得贪小便宜，邻于刻剥，致人有怨言。

故旧穷亲不可远弃。

家僮不得有鲜衣恶习。

注释

[1] 阴骘：阴德。

[2] 钦件：指钦案。

[3] 吕祖：八仙之一，吕洞宾。传说吕洞宾当年修道时曾遇到汉钟离，汉钟离要教他点铁成金术，吕洞宾问，是否可以永远不会变回原样，汉钟离说，不能，五百年后即会变回原样。吕洞宾说，那还是不学了，我不能为此骗五百年后的人。吕祖即因此一念善心而道行修满。

[4] 甄拔：甄别选拔。

[5] 闭粜（tiào）：囤积粮食。

[6] 及物：指恩及万物。

[7]《华严》：《华严经》，全称《大方广佛华严经》。大乘佛教主要经典，华严宗的立宗之经。《法华》：《妙法莲华经》。是释迦牟尼佛晚年在王舍城灵鹫山所说，为大乘佛教初期经典之一。被誉为“经中之王”。

[8] 延：邀，请。

[9] 两舌：佛教用语，十恶业之一，即搬弄是非，离间他人。

[10] 鸷（zhì）：凶悍。

[11] 雍容：形容态度温文大方，舒缓；从容不迫。

[12] 巾栉：毛巾，梳篦。

[13] 妾媵（yìng）：古代诸侯贵族女子出嫁，以侄娣从嫁，称媵。后因以“妾媵”泛指侍妾。

[14] 阀阅之家：祖先有功业的世家、巨室。

[15] 于归：古代指女子出嫁。于，虚词，无实义。归，回家。

[16] 陈锡：布施，施予赐给。

[17] 优伶：后通称戏曲演员为优伶。优，俳优。伶，乐工。

[18] 司阍（hūn）人：守门人。

[19] 妮（nì）比：亲近。语出《新唐书·权万纪传》：“齐王祐不奉法，帝素奇万纪能左右吴王者，乃徙为祐长史。祐昵比群小，万纪骤谏不入，即条过失以闻。”妮，通“昵”。

[20] 隳（huī）：毁坏，崩毁。

[21] 修脯：旧时称送给老师的礼物或酬金。修，通“脩”，干肉。

[22] 淹：滞，久留。

王太岳家训

王太岳

导读

王太岳祖上即以文行、学问闻名于世。他的父亲早亡，母亲以女红来难持生计，并教他“当时有时思无时，莫待无时思有时”。他常念其祖的清贫和勤苦，教育家人要谨慎、勤俭、惜福，并作为持家处世的原则，提出了诸如“食不粱肉，充饥而止；衣不文彩，蔽体而止”的训诫。他在家训中还揭示了人无生而富贵、越是艰苦越是能磨炼人的性格的道理。

作者简介

王太岳（1722—1785），清直隶定兴（今河北）人，字基平，又字芥子。幼年即博览群书，尤善诗词古文。乾隆七年（1742）考中进士，授检讨，弱冠入翰林，擅文名。后累官至湖南按察使、云南布政使，在任上大力整顿云南省铜政弊端，颇有政绩。乾隆四十二年（1777），升任为《四库全书》总纂官。五年后，擢升国子监司业，逝于任上。云南省绅民听后感念其功，特于昆明五华书院立像祀祭。王太岳秉性笃厚，平素常与友人交往多以文章道义相砥励。其诗纯古淡泊，为文则矜慎致功。曾著有《清虚山房集》《芥子先生集》，编纂《四库全书考证》100卷。

吾家自朴庵公种德四世，至可兰公以二子贵始封。吾高祖次山公，为可兰公四子，二兄成进士，雅以寒素自持，言行端方，二兄惮[1]焉，学问渊邃，苏紫溪、张净峰、陈紫峰俱出其门。曾祖望山公，文章如其父，行则温温乎浑金璞玉也。吾祖宏所公，性端行直，而能周急，公正不阿，有王彦方[2]之风，晚益贫。吾父淡觉公故善病，仰食[3]于祖，而孝友因心[4]，忠恕存念，有独知之德，常为人揶揄。然衣食恒不给，忆隆冬葛袴未易也。吾母事父病，三年不贴席，父病已而风痰间作，作则棰母，几死者数。然闻吾祖行声，虽痰气大作，亦复屏息。母不得死，日刺女红，佐祖治家计。迨余年二十，担家务，祖年七十矣。余拮据得米，其蔬菜柴火，皆母十指中出，每夜操作至鸡鸣，约一日得钱十余文，可三分。十余岁以为常。家约十人，晨午用米二升五合，晚用一升五合，大困时略减，日用六升或五升，然每餐溲米[5]下锅，必手撮一把他藏之，适大匮[6]，供吾祖一二餐。以故家虽奇贫，而祖未尝废箸，然母瘁甚矣。吾十九岁入泮[7]，二十岁有友以午饭邀余伴读，晨昏则自家吃饭，又无束脩。其明年，此友再邀余教子，初约云：每月米三斗，蔬茶银三钱，无束脩。子弟则自教，只藉看文章，不敢禁先生出入。馆虽凉薄，余私自计算，我应二社，一月可六日在外，至过从知友，或东家留客相陪，月亦可数次，计一月之内止二十日自爨耳。每日用米七合五勺，二十日可用米一斗五升，余一斗五升，可供吾家二日半之粮。其三文钱之金，可得钱一百二十文，吾每日买柴一文，三日共菜脯一文，计二十日可用二十七文而足。

存九十三文，可买米一斗五升，足家中二日半之粮。计算已定，欣然就馆，而友人忽变前说，欲饭余。余固请，辄欲弃予，悒悒就之。教读之余，并日夜佣书[8]，日可得七八分，籴米供亲。而社中友亦有哀王孙而进食者，偶闻是餐匮，东家进饭，余以他事遣去，苍头[9]急将饭与肉裹巾中，少选[10]。携至家奉亲。如东家陪饭不能携，则余故推病，竟不能自食，不忍独饫吾父母也。

余廿三岁丧父，父服阕[11]而廿七岁廪于庠。廿八岁丧母，又丧祖，二服阕而三十一岁举于乡，呜呼痛哉！吾家积德数世，至吾而发[12]，又使吾祖吾父吾母独当奇穷[13]，至吾而当其亨[14]。每膺[15]享受，悼念先事[16]，血泪如雨。是以食不粱肉[17]，充饥而止；衣不文彩，蔽体而止。一则恐享受过丰，忘亲为不孝；一则念小小功名，乃经数世淡泊酝酿得来。福泽之难得如此，若过分享受，则凋零必速。然余方居官，如朝见应接之衣[18]、宴会往来之食，亦不能尽简，子孙若未居官，必不可以我为法，更当简淡也。汝曹但能如我心，常念宏所公之老年食贫、淡觉公之清淡穷困、吾母之勤苦艰难，皆以是终其身，为世间罕有，时时警省，时时恻怛[19]，自然不忍享受，撙节爱养也[20]。天之与人福泽有如钟者、有如卮[21]者，但知爱惜，则一卮之福，用之而不尽；若恣意狼藉，则盈钟之福，一覆立竭。故节慎之人多寿，暴殄之人多夭，理固然也。况乎君子造命，自求多福，一念戒慎，天继以禄；一念放侈，神夺其福。此中犹有转移乎？吾母常教我曰："当于有时思无时，莫待无时思有时。"三复慈训，实惟世宝。往往人至穷迫，始自悔曰："使我当日稍知节省，何至如此？"然而无及矣！吾世世子孙，当思朝夕详玩吾言，保百世守家勿替也。

注释

[1] 惮：本义为畏惧，此为胆小的意思。

[2] 王彦方：王烈字彦方，东汉三国时期人物（141—218），平原县（今山东平原）人。王烈少时师从陈寔，闻名遐迩。董卓作乱时避乱辽东，并多次拒绝曹操的聘请。七十八岁时病死于辽东。

[3] 仰食：依靠他人才能得到食物。

[4] 因心：指亲善仁爱之心。语出《诗·大雅·皇矣》："维此王季，因心则友。"毛传："因，亲也。"陈奂传疏："因训亲，亲心即仁心。"

[5] 溲米：淘米。

[6] 大匮：严重缺乏。

[7] 入泮：古时学生的入学大礼。因为古代学宫前有泮水，故称学校为泮宫。在古代，凡是新生员入学，都需进行称为"入泮"的入学仪式。据记载："学童首先换上学服，拜笔、入泮池、跨壁桥，然后上大成殿，拜孔子，行入学礼。"科举时代学童入学为生员称为"入泮"。

[8] 佣书：抄书。

[9] 苍头：仆人。

[10] 少选：一会儿。

[11] 服阕：古礼，居父母丧为三年，三年丧满为"服阕"。

[12] 发：发达，显达。

[13] 奇穷：困厄，厄运。

[14] 亨：顺利，通达。

[15] 膺：接受，承受。

[16] 先事：经历过的事情。

[17] 粱肉：美味佳肴。《汉书》有载：“衣必文采，食必粱肉。”

[18] 应接之衣：应酬，接待时穿的衣服。

[19] 恻怛：忧伤，此指同情，怀有恻隐之心。

[20] 撙节：节省。撙，抑止。爱养：爱护养育。

[21] 卮：古代一种饮酒的器皿。

家训谆言

李绿园

导读

这篇家训是李绿园辞官返回家乡河南后，于71岁在其家乡教书时所著。李绿园平时十分重视对子弟的教育，“每以明趋向、重交游，训诫子弟”。而此书由行文语气看，当为辑录平日言谈而成，由于其时他所教学生大多都是同族子侄，因此以“家训”命名。全书共81条，内容涵盖读书、做人、治家、处世等方面。如关于读书，李绿园认为读书不仅仅是为了考科举，而是为了跟圣贤学做人。关于做人，他认为要做到外表不故意标新立异，内心不随便苟同别人，保持自己的独立人格。关于治家，李绿园认为家庭无论穷富一定要保持整洁，给人以积极向上的风貌。另外，李绿园反对子弟抽烟，尤其是妇女更应戒之。关于处世，李绿园主张：“与人言，不可夸富，不可诉贫。夸富贱人也，诉贫谄人也。士自有所以振拔自立者，岂必斤斤于此？”并针对当时社会盛行的拜认干亲一事明确表示反对，认为没有血缘关系的两家人忽然以亲属相称，里面一定包含某种不可告人的目的。李绿园不仅以《家训谆言》垂训子弟，还以《家训谆言》为指导思想，创作了一部以说教、劝世为主题的小说《歧路灯》。这部小说中许多说教就源于《家训谆言》，书中的许多内容都是《家训谆言》的直接演绎。因此他的学生在抄录《歧路灯》一书时，遂将《家训谆言》附于卷首，用以对读。

作者简介

李绿园（1707—1790），原名李海观，字孔堂，号绿园，亦号碧圃老人。清代文学家。宝丰宋寨（今河南平顶山湛河区曹镇乡宋家寨）人。清乾隆元年（1736），考中丙辰恩科举人。之后一直到40岁时，他三次赴京应试，都名落孙山，最后一次科考后，就留京谋职，当了三年教师。后经其学生举荐，李绿园被选任江浙漕运之职。从此，李绿园开始了他“舟车海内”的宦游生涯。20年中，他走遍大江南北，阅尽人世间百般风情，身经了宦海中沧桑变幻，留下了许多诗文名篇，并于乾隆十四年（1749），开始创作长篇小说《歧路灯》。乾隆四十年（1775），李绿园67岁，回到家乡宋家寨。乾隆五十五年（1790），李绿园逝世于北京，享年84岁。

第一条

读书必先经史而后帖括[1]。经史不明，而徒以八股[2]为务，则根柢既无，难言枝叶之畅茂。

第二条

读书之法，先《春秋》，次《书经》，次《诗经》，次《礼记》，次《易经》。此中有深意，难遽[3]殚述，尔辈遵之可也。专经则主《春秋》。

第三条

《六经》精义，多在总注。如《诗经》之精义，尽在《国风》《雅》《颂》及某章章几句之下。陋师只令读比兴赋及诗柄[4]而已，完部矣，程子所谓未读时是此等人，既读时仍是此等人。

第四条

吾乡学究陋习，于《四书》重出之文章，大笔涂去，如“三年无改”、“主忠信”、“巧言令色”、“不在其位”诸节是也。于朱注引证之文，亦大笔涂去，如《春秋传》吾谁适从、齐师违谷七里、魏征献陵之对、承宗敛手削地之类是也。试思圣人不敢增夏五、删己丑，而庸人敢如此乎？无忌惮甚矣！尔辈慎勿效尤。自范紫登《体注》一出，遂有朱子故置圈外之说，亦属作俑。不知《四书》精义，多在圈后之注，何可置之而不经心也？嗣后亦以为戒。

第五条

朱子注《论语》“学”字曰：学之为言效也[5]。如学匠艺者，必知其规矩，然后亲自做起来。今人言学，只有知字一边事，把做字一边事都抛了。试思圣贤言孝、言悌、言齐家、言治国，是教人徒知此理乎？抑教人实做其事乎？

第六条

尔曹读书，第一要认清这书，不是教我为做文章，取科名之具。看圣贤直如父兄师长对我说话一般，方是真正读书道理。

第七条

小学生读书，一定先要讲《小学》。一生用之不尽，如树之有根，如墙之有址。如不知《小学》，则无根者必萎，无址者必颓[6]。

第八条

读《小学》要与他讲明，只如俗说讲去。一遍不解，再讲一遍。再读时再讲。其好处不可殚述。

第九条

县试府考，必慎择子弟偕行之人、居停之家[7]。若非有不得已事，则父兄必当送考。此其所关非细故也。

第十条

古灵陈先生曰：勿学赌博。予观近今人家之败，大率由于赌博。与其自悔自恨于既知之后，曷若[8]闭目摇手于未学之前？予既啮耳[9]

以告，尔辈宜刻骨铭心，以志不忘。

第十一条

农者，衣食之大源，人生之大命[10]也。尔辈于读书之外，果能自为躬耕，以给吃着费用，虽劳苦亦乐事也。若其不能，则守先人遗业，亦可免于冻馁[11]。

第十二条

古云栽花不如种树。则种树尚[12]矣。所谓十年之计，树木是也。春日暇时，墙边隙地，或栽杨柳以备材用，或栽果实以供孝慈[13]。用力甚少而成功甚多。不可忽也。

第十三条

至于栽花，亦士大夫家所不可少。盖人不可以无事，盆花必须灌溉，畦花亦须锄剪，可以习劳，可以娱情。但不可以过癖耳。

第十四条

刈麦割豆，不可不周视，分场不可不身亲。既足防弊，而稼穑[14]之艰难，目历之矣，少有知识，便不敢萌旷费之念。

第十五条

家间须常洒扫，不可堆积门后墙角，务必抛而积之，以为粪田之用。勿曰此太琐也，王者官设草化，伯者令严弃灰。

第十六条

茶饭不必丰盛，却要器皿清洁；衣服不必华丽，却要浣洗干净。非好看也，此即人家盛败之兆。何也？敬胜怠胜之分耳。

第十七条

宴客不可闹酒。余见闹酒之家，并无别样匪类[15]之事，只此一件，便弄得家业凋零，子孙狼狈。大禹不云乎，酒可亡国，何况家乎？

第十八条

勿尚体面，以耗积储。体面者，品高行端，学赡文美，人自敬之，才谓之体面。若衣冠之鲜丽，裘马之轻肥，仆从之俊干，此不过市井小儿之所谓体面耳，非真体面也。徒务乎此，识者已掩口而笑，况耗家资而为之，则下愚之所为矣。

第十九条

制裤不宜用葛夏[16]。当暑絺纻绤[17]，圣人必表而出之。朱子注云：欲其不见体也。用葛夏不几于裸处乎？

第二十条

布履棉袜，尽可适足。今人多绣云物花卉于其上，靡矣。妇女何知，只知逞巧耳。岂伟丈夫而必以此斗靡[18]耶？缎袜亦不必用，况织云物于上耶？直足刺识者之目耳。至于擦汗，何必绸幅？带束腰腿，何必华彩？亦宜戒之。

第二十一条

幼年子弟到人前，第一要恭敬简默。即有羞涩愧赧之意，亦属不妨。若揖让娴熟，言语敏辩，便是不好的消息。慎勿听无知之人，开口夸这个学生甚是展样。

第二十二条

与人并坐，不可倒身后靠，摇腿颤脚。二者既惹人生厌，亦非厚福之相。对尊长，则尤不可。

第二十三条

子弟不必吃烟，妇女尤宜戒之。与其惧火灾劳手足而自悔，则何不于甫[19]入口时，乘其涩辣呕吐之苦，而预为之戒乎？

第二十四条

人学吃烟，必先涩辣呕吐，盖人之口，本不与烟相宜也。人学赌博，必惶恐羞赧，盖人之性，本不与赌博相宜也。趁此时戒之，不过片言入耳，早已断却根子。何至百悔攒心，尚不能自克耶？

第二十五条

生日会、老儿会，俱不可随。父母生日，子孙罗拜，献酒为寿，家庭之乐事也。忽聚不知谁何之人，登堂拜祝，彼之父母生日，我亦如是报之，是以父母之诞辰，为换酒食之具矣。况会一散后，彼此不复更为来往，何丑如之。至于老儿会，则于具庆之日，预存一死父母之心。若谓大故之日，诸事窘迫，庸讵[20]知丧事不备之义乎？是二者皆非士大夫家所宜有也。

注释

[1] 帖括：唐制明经科以帖经考试士子。即把经文贴去若干字，令应试者对答。后考生因帖经难记，乃总括经文编成歌诀，便于记诵应时，称“帖括”。后泛指科举应试文章。

[2] 八股：明清科举考试的一种文体，也称制艺。其体源于宋元的经义，而成于明成化以后，至清光绪末年始废。文章就从《四书》中取题。开始先揭示题旨，为“破题”。接着承上文而加以阐发，叫“承题”。然后开始议论，称“起讲”。再后为“入手”，为起讲后的入手之处。以下再分“起股”“中股”“后股”和“束股”四个段落，而每个段落中，都有两股排比对偶的文字，合共八股，故称八股文。其所论内容，都要根据宋朱熹《四书集注》等书“代圣人立说”，不许作者自由发挥。

[3] 遽（jù）：遂，就。

[4] 诗柄：概括介绍《诗经》诗篇大意的文字。清崔述《读风偶识》卷一：“余见世人读《诗》，当初学时，即取诗柄连经文合读之。”

[5] 学之为言效也：语出《论语·学而》：“学而时习之，不亦说乎？”朱熹注：“学之为言效也。”言，说。效，模仿、效仿，此处为践行。

[6] 颓（tuí）：崩坏，倒塌。

[7] 偕行：一起走。居停：寄居的处所。

[8] 曷（hé）若：何如。用反问的语气表示不如。

[9] 啮耳：贴近耳朵。啮，本意为“咬”。

[10] 大命：大事，要事。

[11] 冻馁（něi）：饥寒交迫。

[12] 尚：古，久远。

[13] 孝慈：对尊长孝敬，对下属或后辈慈爱。

[14] 稼穑（jià sè）：耕种和收获。泛指农业劳动。

[15] 匪类：行为不端正的人。

[16] 葛夏：可做夏装的用葛草纤维织成的布。葛，一种植物，纤维可以织布。

[17] 绤袗絺（xì zhěn chī）：葛布做的单衣。绤，粗葛布。袗，单也。此处用为动词。絺，细葛布。

[18] 斗靡（mí）：谓以生活豪侈竞胜。

[19] 甫（fǔ）：刚刚，才。

[20] 庸讵：岂，何以，怎么。

第二十六条

拜认干亲，甚所当戒。以风马牛之人，忽而亲属相通，勿论往来碍眼，抑且称呼刺耳。况内藏许多不好之处。切戒！切戒！

第二十七条

三父八母[1]，并无干父干母之说，则干亲之不正可知。认干亲者，大约素有私情，借干亲以为掩耳盗铃之计耳。

第二十八条

勿赶会。乡村寺庙中，演戏一棚，便有许多酒肆博场，无赖不根之徒，嬉嬉然附腥逐臭而往。尔辈试看，内中有个有品行、有学问人否？若有要紧家伙赴买者，不妨办完即归。

第二十九条

近今陋俗，朋友姻亲间，有戏谑以为交好者。予尤深恶之。盖朋友为五伦之一，只宜敬而不宜狎。亲戚者，休戚相关之谓也，岂有相詈骂而可谓之相关乎？况衅隙易起，断乎不可。即有无知而先及我者，以笑受之，则彼当自止。

第三十条

予尝谓，嫂与兄敌体[2]。人骂己嫂而不悦，自骂其嫂而弗恤[3]，是亦知和而和者也[4]。戒之！戒之！

第三十一条

结亲不可贪图富贵之家，一定要有些诗书之泽才好。不然者，姻亲聚会，而厕[5]一不类之人，亦大难为人。

第三十二条

乡曲[6]中有贫而黠者，富而悍者，诸事都要宽让他一分。此中有无穷受用。

第三十三条

御下不可过为琐苛[7]。陶渊明不云乎，“彼亦人子也，可善视之。”与其督责于服役之后，何若慎择于雇觅之始。

第三十四条

绅士家每与胥吏辈气味不合。或有滑吏奸胥[8]，同学辈有相约攻讦[9]者，断不可附名。此辈城狐社鼠，且其狡黠倍于智士，甚难扫除。况干连官长，动则自败。胜之不武，不胜为笑。

第三十五条

再胥吏之辈，每托同乡之谊以责人，接见之时，一拱一揖，亦不必过为峻绝[10]。

第三十六条

绅士断不可结交官长。论出事公卿之道，则父母斯民者，我不可不敬。如登堂介寿[11]，我或当一称觥[12]也。如行步到门，我固当一延接也。若胸中着相与官府四字，便丑不可当矣。更有矢口畅谈，以为某公与我相与甚好，此直是市井负贩、长随厮役的见识。

第三十七条

与人言，不可夸富，不可诉贫。夸富贱人也，诉贫谄人[13]也。士自有所以振拔自立者，岂必斤斤于此?《记》曰：不陨获[14]于贫贱，不充诎[15]于富贵。

第三十八条

坊间《愿体集》云：对人诉冤，闻者虽极为嗟叹，其实未尝入耳。此是真境实情。若对人诉叔侄、兄弟、妻子之冤，不惟惹厌而已也，人且鄙而贱之。

第三十九条

古人云：士夫惟俗不可医。大凡言语举动恭敬安详便不俗。若言语举动一涉于俗，便令旁观者芒背针毡而不可耐，而彼昏不知，方且自以为好看也。

第四十条

戒多言。古人云：看来招灾惹祸，言语占八分。幼时亦谓此老生常谈耳，今阅历既久，始知其为不易之论。

第四十一条

古人云：吉人辞寡，躁人辞多。不曰凶而曰躁者，躁便有凶的意思了。阅历既久，只觉得“谦”字好，“默”字好。此非依样前人作此葫芦语，前十五年，尚不能写出此二句也。

第四十二条

人于世上，要存些恬淡意思，有些淳朴模样，方好。然亦要有个恬淡、淳朴的本领。不然，徒言恬淡，只觉闷怀；徒言淳朴，只觉村像。你们要寻这一副真本领端的安在。

第四十三条

说话不可有乞儿相。所谓乞儿相者，动云某厨丁之不能烹调海味也，某针工之不能剪裁对花也。此正是乞儿相。

第四十四条

至于品评茶味，则云阳羡、武彝、普洱、六安地道之出处，松萝、蕊尖、雀舌、龙团采焙之早晚，既不能如卢玉川之品，又不能作陆龟蒙之诗，此便是三家村暴发口角。

第四十五条

与人谈论，品评骡马之口齿毛片，脚程远近，价值低昂，则又成牙侩[16]矣。诸如此类者甚多，皆依例而戒之。人有侈口谈及者，点头待之，不可助其说，亦不必拦其言。

第四十六条

对无学之士谈博洽[17]，对贫窭[18]之人论富饶，即孔子所谓未见颜色而言，谓之瞽[19]也。

第四十七条

不能周人，不问其所需。此理甚好。

第四十八条

乡间窭人，有诣门籴粮者，我家果无则已；如有，可以粜与者，不可苛责其钱之低小、价之短少。盖贫窭之人，真有窘于一钱而万不能凑足者，我顾可以市价相格，而使之蹙然[20]乎？

第四十九条

家中戏具，只可藏围棋二区。往见舞阳郭倩饶昆仲手谈[21]，亦家中一韵事。况谢氏叔侄围棋已播之史册乎？象棋颇近粗俗，骨牌、双陆已近赌博，皆不必学也。投壶[22]之艺甚佳，尔辈亦不妨学之。

第五十条

近来浮浪子弟，添出几种怪异，如养鹰、供戏、斗鹌鹑、聚呼卢等是。我生之初，不过见无赖之徒为之，今则俊丽后生，洁净书房，有此直为恒事。我看尔曹决然做不到此，然而教之者，却不能说不到此。盖不惟不许尔曹做，亦并不许尔曹见也。至于配硝花于元宵，放纸鸢于仲春，亦不许焉。即门前晒捕鱼之网，檐下挂画眉之笼，亦予之所深厌者也。

第五十一条

明太祖曰：小费不节，大耗将至。故言节俭者，必自琐小事物始。

第五十二条

人家败堕之由，除吃酒赌博外，尚有八个字，足以耗散储蓄：一曰不好意思，一曰还不妨事。夫不好意思之事，必非一定该用之钱。还不妨事之言，正古人所云才说无妨定有妨之谓也。

第五十三条

凡人衣饰言动，不可与人故异，虽富贵时亦要恂恂[23]；凡人心思胸襟，不可与人苟同，虽贫贱时亦要矫矫。总之外同内异，则外不失偕众之道，内不失自立之根。

第五十四条

凡办事者，曰才，曰智。智者，识见之谓也。才者，本领之谓也。予谓认得“谨慎小心”四字，才谓之真识见；把住“谨慎小心”四字，才谓之真本领。

第五十五条

人恒莫不好福而恶祸，不知“福”字非他，即“敬”字、“诚”字、“慎”字、“惧”字、“俭”字、“约”字、“劳”字、“苦”字之类是也；“祸”字非他，即“肆”字、“诈”字、“怠”字、“纵”字、“侈”字、“奢”字、“安”字、“乐”字之类是也。

注释

[1] 三父八母：旧指同居继父、不同居继父、从继母改嫁之继父，合称三父；嫡母、继母、养母、慈母、嫁母、出母、庶母、乳母，合称八母。

[2] 敌体：谓彼此地位相等，无上下尊卑之分。

[3] 弗恤（xù）：不忧虑。

[4] 知和而和者也：本句意为，知道，为了和谐而和谐。语出《论语》：有子曰：“礼之用，和为贵。先王之道，斯为美，小大由之。有所不行，知和而和，不以礼节之，亦不可行也。”

[5] 厕：古同“侧”，旁边。

[6] 乡曲：家乡，故里。

[7] 御下：封建社会指上级对下级的治理，统治。琐：细小，烦琐。苛：苛责，过于严厉。

[8] 奸胥（xū）：旧指官府中巧于舞弊的小吏、衙役。

[9] 攻讦（jié）：举发他人的过失或阴私而加以攻击。

[10] 峻绝：严厉。

[11] 介寿：语出《诗·豳风·七月》：“为此春酒，以介眉寿。”郑玄笺：“介，助也。”后以“介寿”为祝寿之词。

[12] 称觥（gōng）：举杯祝寿。

[13] 谄人（chǎn）：逢迎拍马的人。

[14] 陨获：丧失志气。

[15] 充诎（qū）：得意忘形貌。

[16] 牙侩：市侩，商人。

[17] 博洽：广博。多指学识广博。

[18] 贫窭：贫穷的人。窭，贫穷，贫寒。

[19] 瞽（gǔ）：盲人，瞎子。

[20] 蹙（cù）然：忧愁不悦的样子。

[21] 手谈：下围棋的别称，也称“坐隐”。

[22] 投壶：古代士大夫宴饮时做的一种投掷游戏，游戏开始后，要求将箭矢的端首掷入壶内为投中；依次投矢，抢先连投者投入亦不予计分；投中获胜者罚不胜者饮酒。投壶既是一种游戏，又是一种礼仪。

[23] 恂恂：小心谨慎的样子。

第五十六条

元儒云：儒者以治生为急。不知治生，必至贫而丧其守。知此，则史书所载，某某不事家人生产，不足为训也。

第五十七条

天下无巧事，无便宜事。阅历既久，见走巧者无不拙，讨便宜者无不吃亏。

第五十八条

历来人言，天地能养人，而不能教人。此说不然。天地有丰稔之年，所以教人勤也；天地有水旱之年，所以教人俭也。况福善祸淫，载于史册，见于眼前者，几如印版一般。吁，可畏哉！

第五十九条

人生在世上，心里一个“迫”字最要紧，脸上一个“耻”字最要紧。

第六十条

君子见人之胜己者必慕，小人见人之胜己者必妒。慕则思有以齐之，妒则思有以毁之，此君子所以日进于高明，而小人日就于颓堕也。

第六十一条

予观人于乡党、朋友、姻戚间，或反面，或至于殴詈[1]，或至于讦讼[2]，从未见一边全是，一边全非者。谚云：一只手拍不响。自是至理。

第六十二条

智者常见得自己有不是处，愚者常见得别人有不是处。

第六十三条

人生于大事小事，只晓得一个“怕”字，便不至十分堕落。

第六十四条

谈人闺阃[3]，无论是真是假，将来必受口孽[4]之报。古人云：伐国不问仁人[5]。试思此等污言，得入于尔之耳，则尔是何等人也。

第六十五条

家政总要内外严肃。

第六十六条

处兄弟之间，第一不可有私积；第二不可为妻子护短。为己身置一物件，便看看弟兄有了不曾；为己妻置一物件，便看看妯娌们有了不曾；为己子置一物件，便看看侄儿们有了不曾。总之，存心曰，此皆吾父母之子也，则不睦者寡矣；开口曰，此皆吾妻之贤劳也，则能睦者寡矣。

第六十七条

家中妇女，必身亲纺织经络之事，古人所以载弄之瓦[6]也。若妇女不知此事，无知者谓之享福，有识者谓之乐祸。

第六十八条

兄弟同桌吃饭，妯娌同屋做活，此中弭却衅隙多矣[7]。

第六十九条

《诗》云："式相好矣，无相犹矣[8]。"这个"犹"字，便是千古兄弟合不着的根源。人非圣贤，孰能无过？兄弟们有一错半误，他后来自然后悔改了，我偏偏要照样奉还，即《诗》之所谓犹也。他本无心，必增其怒；他或有心，必益其愤。试想人于乡党，尚思报德而不报怨，如何于手足，反致见罪而不见功？

第七十条

古人以多男称庆，今人恒以食指繁多[9]为忧。殊不知家有闲人，则即以为多；家无闲人，则虽多皆有执事，不有众擎易举[10]之乐乎？家有匪人，则一即为多；家皆贤士，则兄弟叔侄，自相师友，不见海内著姓名族，非桂兰繁衍而能之乎？若人多而徒能穿衣吃饭，则豢[11]之诚难，所谓景升之子，皆豚犬也[12]。若更以争业较产为事，则直不如安丰董生之鸡、江州陈氏之犬耳。

第七十一条

往见一前辈书于窗曰：早完官粮，勿赊客货。自是居家要语。

坊间《愿体集》《传家宝》二书，内中尽有持身涉世最切当道理。

第七十二条

相士、星士、青乌、卜筮、阳宅等说，皆足误人正经事体。彼岂无奇中者，则子产所谓是以多言矣，岂不或中也。至于乩仙之说，更不可漫试。即友人为之，亦不必浪传其神异。

第七十三条

房屋墙壁，有为风雨所破损，便即修葺之。以其易为也。若听其大坏而后为之，则大费事。

第七十四条

盖房屋，制器皿，皆不可用雕刻匠役[13]，总以朴坚[14]为贵。朴坚之物，自会好看。往往见俗下人家，雕砖镂瓦，镌花凿卉，反弄得极不好看。

第七十五条

往见一善持家人，有叩[15]其所以者，曰:“无钱不贪治田产而已。”

第七十六条

吾乡有两家，皆先窭而后饶。余叩其所自，其一曰：“家无闲人，仓有余粮。”其一曰：“做事不留病[16]，居心不性急。”又有一善持家人，传其说曰：“家无闲人，地无旷土。”盖其家近山麓，凡不可耕之地，无非桃李杨柳、桑柘。

第七十七条

古人云：“教女之法，莫要离母。”语甚切至。

第七十八条

古人有誉儿癖[17]，识者讥之。今人好于人前夸自己儿敏女淑，令人生厌。至于少年如此，则又不止于令人生厌矣。

第七十九条

人之所以易赊客货者，以其当下不索值[18]也。不知他日相偿，独非当下乎？且其病之大者有二：一则不讲物价也，托于相好而不便讲价，则其浮冒[19]可知。二则麦秋新登时，则来索之，粮价必贱，是商人获利两倍，而我已绌[20]其三矣。此即青苗之害也。

第八十条

人于浮浪子弟鬻产拆屋时，往往怜之曰：可惜！可惜！不知此固毫无足惜也。衣轻食肥，于天地既毫无所益；作奸犯科，于风俗且大有所损。他若常享丰厚，那些谨守正道，甘淡薄，受辛苦的子孙，该常常挑担荷锄、嚼糠吃菜乎？天道无亲，必不然矣。

第八十一条

贫窭家子孙狼狈，如迁坟卖地、持钗换米、拆砖瓦、货器皿等事，皆仁人君子所不忍视、不忍闻者。只可心内默为矜悯，万勿口中显为指述。何也？问如今兴旺隆盛之室，那一家的祖宗不曾与患难相尝？那一家的子孙敢言与天地不朽？

注释

[1] 殴詈（lì）：打骂。

[2] 讦讼：控告诉讼。

[3] 闺阃（kǔn）：内室，亦指妇女居住的地方。

[4] 口孽：同“口业”。

[5] 古人云：伐国不问仁人：《七召·声色》：“吾闻伐国不问仁人，此言何为至于我哉！”意为我听说讨伐别国时是不会向仁人询问对策的，这（伐齐）的话怎么就问到我了呢！寓指有些话是不能随便和人说的。

[6] 载弄之瓦：意思是生了个女儿。语出《诗·小雅·斯干》：“乃生男子……载弄之璋”；“乃生女子……载弄之瓦。”后因以“载弄”指诞生的意思。

[7] 此中弭却衅隙多矣：意为，这里面要平息的纠纠葛纷争太多了！

[8] 式相好矣，无相犹矣：（兄弟）之间关系好了，互相没有矛盾。式，语气助词，无实义。好，友好和睦。犹，欺诈。

[9] 食指繁多：人口太多。

[10] 众擎（qíng）易举：许多人一齐用力，容易把东西举起来。比喻大家同心协力就容易把事情办成。擎，往上托。

[11] 豢（huàn）：泛指喂养。

[12] 所谓景升之子，皆豚犬也：语出《三国志·吴志·吴主传》：“十八年正月，曹公攻濡须，权与相拒月余。曹公望权军，叹其齐肃，乃退。”裴注：《吴历》曰：“……权行五六里，回还作鼓吹。公见舟船器仗军伍整肃，谓然叹曰：‘生子当如孙仲谋，刘景升儿子若豚犬耳。’”

[13] 匠役：旧指给官府或官宦人家服役的工匠。

[14] 朴坚：朴素坚硬的建材。

[15] 叩：询问。

[16] 留病：留下毛病。

[17] 誉儿癖：夸耀自己儿女的癖好。

[18] 索值：讨要钱币。索，讨要。值，价值，此处指钱币。

[19] 浮冒：虚报冒充。

[20] 绌（chù）：不足，不够。

给弟香亭书

袁枚

导读

《给弟香亭书》是袁枚针对侄子在何处考试给其兄的一封回信。在信中，袁枚充分表明了自己读书治学的态度：做人要有真才实学，考不考上科名不重要。他不赞同在考试场中假冒籍贯取巧作伪的行径。他认为即使是亲人也不能例外。信中提出“夫才不才者本也，考不考者末也”。这一观点是十分有力度的，充分抨击了当时科举制度的弊端。细读这篇文章，能够看出文章说理透彻，举例恰当，可一睹袁氏家教的特色。

作者简介

袁枚（1716—1797），字子才，号随园老人。清代中叶著名诗论家、散文家、诗人。钱塘（今浙江杭州）人，乾隆四年（1739）考中进士，授翰林院庶吉士。历任溧水、江宁、江浦等县知县七年，有政绩，后厌倦仕途，于乾隆十四年（1749），辞官告归。在江宁小仓山下筑随园隐居，其间广收诗弟子，女弟子尤众。嘉庆二年（1797），袁枚去世，享年82岁，去世后葬在南京百步坡，世称“随园先生”。为“清代骈文八大家”之一。主要著有《小仓山房文集》《随园诗话》《随园食单》《子不语》《续子不语》等。

阿通年十七矣，饱食暖衣，读书懒惰。欲其知考试之难，故命考上元以劳苦之，非望其入学也。如果入学，便入江宁籍贯，祖宗邱墓[1]之乡，一旦捐弃，揆之齐太公五世葬周之义[2]，于我心有戚戚[3]焉。两儿俱不与金陵人联姻，正为此也。不料此地诸生，竟以冒籍[4]控官。我不以为怨，而以为德。何也？以其实获我心故也。不料弟与纾亭大为不平，引成例[5]千言，赴诉于县。我以为真客气[6]也。

夫才不才者，本也；考不考者，末也。儿果才，则试金陵可，试武林可，即不试亦可。儿果不才，则试金陵不可，试武林不可，必不试废业[7]而后可。为父兄者，不教以读书学文，而徒与他人争闲气，何不揣其本而齐其末哉！知子莫若父，阿通文理粗浮，与秀才二字相离尚远。若以为此地文风，不如杭州，容易入学，此之谓不与齐楚争强，而甘与江黄竞霸，何其薄待儿孙，诒谋[8]之可鄙哉！子路曰："君子之仕也，行其义也[9]。"非贪爵禄荣耀也。李鹤峰中丞之女叶夫人慰儿落第诗云："当年蓬矢桑弧[10]意，岂为科名始读书？"大哉言乎！闺阁中有此见解，今之士大夫都应羞死。要知此理不明，虽得科名作高官，必至误国、误民，并误其身而后已。无基而厚墉[11]，虽高必颠，非所以爱之，实所以害之也。然而人所处之境，亦复不同，有不得不求科名者，如我与弟是也。家无立锥，不得科名，则此身衣食无着。陶渊明云："聊欲弦歌、以为三径之资"[12]，非得已也。有可以不求科名者，如阿通、阿长是也。我弟兄遭逢盛世，清俸之余，薄有田产，儿辈可以度日，倘能安分守己，无险情赘行[13]，如马少游[14]所云“骑款段马，作乡党之善人”，是即吾家之佳子弟，老夫死亦瞑目矣，尚何敢妄有所希冀哉！

不特此也。我阅历人世七十年，尝见天下多冤枉事。有刚悍之才，不为丈夫而偏作妇人者；有柔懦之性，不为女子而偏作丈夫者；有其才不过工匠农夫，而枉作士大夫者；有其才可以为士大夫，而屈工匠村农者。偶然遭际，遂戕贼杞柳以为杯棬[15]，殊可浩叹！《中庸》有言率性之谓道，再言修道之谓教，盖言性之所无，虽教亦无益也。孔、孟深明此理，故孔教伯鱼[16]不过学诗学礼，义方之训，轻描淡写，流水行云，绝无督责。倘使当时不趋庭[17]，不独立，或伯鱼谬对以诗礼之已学，或貌应父命，退而不学诗，不学礼，夫子竟听其言而信其行耶？不视其所以、察其所安耶？何严于他人，而宽于儿子耶？至孟子则云：“父子之间不责善[18]”，且以责善为不祥。似乎孟子之子尚不如伯鱼，故不屑教诲，致伤和气，被公孙丑[19]一问，不得不权词相答。而至今卒不知孟子子之为何人，岂非圣贤不甚望之子明效大验哉？善乎北齐颜之推曰：“子孙者不过天地间一苍生耳，与我何与，而世人过于宝惜爱护之。”此真达人之见，不可不知。

有门下士，因阿通不考为我怏怏[20]者；又有为我再三画策者。余笑而应之，曰：“许由[21]能让天下，而其家人犹爱惜其皮冠；鹪鹩[22]愁凤凰无处栖宿，为谋一瓦缝以居之。诸公爱我，何以异兹？韩、柳、欧、苏，谁个靠儿孙俎豆[23]者？箕畴五福[24]，儿孙不与焉。”附及之以解弟与纾亭之惑。

注释

[1] 邱墓：坟墓。

[2] 揆之齐太公五世葬周之义：语出范晔《后汉书·班超传》："臣闻太公封齐，五世葬周，狐死首丘，代马依风。"形容人心眷恋故土，不愿老死他乡。揆，揣度。

[3] 戚戚：忧伤貌。

[4] 冒籍：假冒籍贯，科闱弊端之一种，清制，凡科举考试，各省参加考试的生员名额以及录取名额，均有限定，录取之规定亦有别。故士子参加考试，必归于本籍（亦可在本籍与寄籍中作一选择）投考，不得越籍赴试。但有的士子为了取巧投机，假冒他省之籍投考者，称之冒籍。

[5] 成例：先例，惯例。

[6] 客气：一时的意气，偏激的情绪。

[7] 废业：中止学业。

[8] 诒（yí）谋：为子孙妥善谋划，使子孙安乐。

[9] 君子之仕也，行其义也：君子做官，只是为了实行君臣之义。

[10] 蓬矢桑弧：古时男子出生，以桑木作弓，蓬草为矢，射天地四方，象征男儿应有志于四方。后用作勉励人应有大志之辞。

[11] 墉（yōng）：高墙。

[12] 聊欲弦歌、以为三径之资：我只想要用弹琴唱歌来作为贫居生活的费用。三径，指归隐者的家园。

[13] 无险情赘行：没有多余的险情阻碍自己的行为。

[14] 马少游：我国东汉名将伏波将军马援的从弟，《后汉书·马援传》中记载了他规劝马援的事迹。马少游志向淡泊，知足求安，无意功名，他认为

优游乡里即足以了此一生。后世把他作为士人不求仕进、知足求安的典型。

[15] 戕贼：摧残，破坏。杞柳：柳树的一种。杯棬（quān）：也作杯圈，杯、盘、盎、盆、盏之总称。

[16] 伯鱼：孔子的儿子鲤的字，见《孔子家语·本姓解》。

[17] 趋庭：子承父教。

[18] 责善：劝勉从善。

[19] 公孙丑：公孙丑是战国时期齐国人，孟子的弟子，曾与万章等著《孟子》一书。

[20] 怏怏：不服气或闷闷不乐的神情。

[21] 许由：传说是尧舜时代的贤人道家前身。传说，上古时代的尧，想把帝位让给许由。许由是个以不问政治为“清高”的人，不但拒绝了尧的请求，而且连夜逃进箕山，隐居不出。当时尧还以为许由谦虚，更加敬重，便又派人去请他，说：“如果坚不接受帝位，则希望能出来当个‘九州长’。”不料许由听了这个消息，更加厌恶，立刻跑到山下的颍水边去，掬水洗耳。

[22] 鹪鹩（jiāo liáo）：传说是一种很微小的鸟。

[23] 俎豆：俎和豆。古代祭祀、宴飨时盛食物用的两种礼器。后引申为祭祀，奉祀。

[24] 箕畴：指《书·洪范》之“九畴”。相传“九畴”为箕子所述，故名。五福：《洪范》里说的长寿、富贵、康宁、好德、善终。

戒子书

洪亮吉

导读

洪亮吉为人正直不阿，敢刺时弊，其治家教子亦是深具儒家风范。这篇家训应该是在他晚年所写。他认为像陶渊明那样的旷达之士仍“不忘于戒子”。魏收那样的薄德小人“亦眷眷于遗言”，何况自己呢！所以他在《戒子书》中运用儒家的思想的不断劝诫子孙：“处则孝于家，出则忠于国。”“惟俭可以立身，惟恕可以持己。俭则无求于人，恕则无忤于物。”“植足疾流，学金石之止；鉴影巨壑，师江海之宽。”在洪亮吉的教育下，他的四个儿子皆学有所成，尤其是长子饴孙克秉父训，继承父业。尤精于词章考据，诗文亦精。幼子亦成为史学家。

作者简介

洪亮吉(1746—1809)，字稚存，一字君直，号北江，晚号更生居士，清代经学家、文学家。江苏阳湖（今江苏常州）人，祖籍安徽歙县。早年科场蹉跎，一直到乾隆五十五年（1790）44岁时，竟然以一甲第二名进士及第，后授翰林院编修，充国史馆编纂官。乾隆五十七年(1792)，担任顺天府乡试同考官，后督贵州学政。嘉庆三年（1798），以弟丧辞职回乡。嘉庆四年（1799），起官复用，因上书《乞假将归留别成亲王极言时政启》，触怒嘉庆皇帝，下狱并定死罪。后来，改为流放伊犁。百日之后，即被释放回籍，从此居家撰述，居家十年后去世。著有《卷施阁诗文集》《附鲒轩诗集》《更生斋诗文集》《汉魏音》《北江诗话》《春秋左传诂》等。

余以年迫[1]迟暮，不复能佣力[2]于外，又念汝曹渐已成长，回忆毕生之事，冀弛日暮之肩[3]。郭外[4]有薄田二顷，城东老屋数十间，使四子一嗣孙分守之。以为寡也，则廉吏之子，尚有负薪[5]。以为多也，则翁妇之家，或余赐镒[6]。汝曹能勤苦自持，当衣食粗足耳。又余本中材[7]，不敢以大贤上哲祈汝。惟早承先训，门有素风[8]，易衣而出，并日而食，叠遭家难，粗识世情。“忍饿读书”，先大夫之遗语也；“财不歆[9]非义，福不歆非分，处则孝于家，出则忠于国”，太宜人[10]晨夕之面命也。慎之哉！惟俭可以立身，惟恕可以持己。俭则无求于人，恕则无忤于物，况以卑门而处侈俗[11]，凉德[12]而承世业乎？毋昵宴朋，毋染靡俗，毋是古而非今，毋陟[13]前而忘后，毋爱尺璧[14]而不爱寸阴，毋畏疾雷而不畏清议[15]。穷达本之于命，丰啬[16]任其所遭，如是而已。

饴孙年过三十，处事尚不克平心，是汝之短也。惟编校故书，尚知条理，他日或当传吾记诵之学耳。余幼嗜六书[17]，长而不倦。今符孙[18]弱冠已过，涉笔便讹，又更历十师，难成一技。学之不修，亦已焉哉！其余幼子弱孙，则尚争梨枣，无辨菽麦，顾念[19]艺鞠之子，纵非同生，树兰之门，亦均共气。他日兄率其弟，父课其子，庶几寒宗[20]，无坠先绪[21]。夫功名之士，以身殉时；勤学之儒，以身殉古。各有所好，强之不能，在立志何如耳。形质[22]不能与天地争久，姓名则克与嵩华[23]竞高。植足[24]疾流，学金石之止；鉴影巨壑，师江海之宽。勤则王霸之子，蓬头而不惭；惰则任昉[25]之裔，衣葛而畴恤[26]？汝曹慎之哉！

夫陶令[27]达者也，不忘于戒子；魏收[28]薄德也，亦眷眷[29]于遗言。吾上不敢望泉明，下不致同伯起，是在汝曹成吾之志耳。又况承恩返里，已属更生。忧患备尝，庶谋行乐[30]。每当朝晖入座，夕月洒窗，春树欲花，秋林未萚，何尝不携阮孚[31]之屐，泛渔父之舟？东眺郭门，西寻村墅，南湖乐其浩渺，北阜陟其高寒，挈伴[32]以出，行歌以归。但使入曾元[33]之室，酒肉尚陈；过言子[34]之庐，诵声不辍。愿斯足矣，乐何如之！今虽闻鸡而起，尚拟著书；秉烛以游，仍书细字。然墓草已绿，鬓丝不玄[35]。素心之友，荫鬼燐而见招；同气之亲，出柏根而相望。自念生虽无似，然不见屏于间里，不见讥于长者。踪迹遍于九州，姓字镌于五岳。官不达而齿胄[36]，以之为师；禄不加而问字，丰其所贽[37]。撰述至三十种，诗文至五千首。门生义故百人，著录弟子三百。穷老尽气，韬精敛魂，终此天年，从亲地下。以此贻汝，不亦多乎？伊维我祖于歙[38]，始迁中河之桥，赁舍[39]在焉。我之始生，赁廛[40]之左，水何清仑，桑亦婀那，他时筑楼，署曰“生我”。

其生也瘁，其死也休。下寿六十，吾又何求？或有所求，厥惟允嗣[41]。后望百年，上承奕世[42]。坠绪[43]茫茫，勖哉小子！九垓[44]之内，人同蛾多。不自僇力[45]，资生则那。东邻歌钟，北寺击鼓。

严霜入门，响亦凄楚。人以为欢，我以为苦。欲贻子金，我不为盗。宦而巧取，较盗尤暴。凿楹有蠹[46]，穿径有萤。益人神智，照我汗青。疗贫之术，不出户庭。

注释

[1] 迫：迫近。

[2] 佣力：受人雇佣。

[3] 冀弛日暮之肩：希望能延缓已经年逾黄昏的年龄。

[4] 郭外：城郭外面。

[5] 负薪：背负的柴草。

[6] 赐镒：赐予的黄金。镒，为古代的重量单位，二十两或二十四两为一镒。此处代指黄金。

[7] 又余本中材：另外，我本来就是个中等素养的人。

[8] 素风：清廉简朴之风。

[9] 歆（xīn）：喜爱。

[10] 太宜人：明清时五品官之母或祖母的封号。

[11] 侈俗：奢侈的习俗。

[12] 凉德：缺少仁义。

[13] 陟（zhì）：登高。

[14] 尺璧：古玉器名，直径一尺的大璧，指极珍贵的东西。

[15] 清议：指对时政的议论；社会舆论。

[16] 丰啬：富有与贫乏。

[17] 六书：指象形、指事、会意、形声、转注、假借，汉代学者把汉字的构成和使用方式归纳成六种类型，总称“六书”。

[18] 符孙：洪符孙，字幼怀，江苏阳湖人，洪龄孙之弟。工诗，有《齐云山人诗文集》《清史列传》传于世。

[19] 顾念：惦念，顾及。

[20] 庶几寒宗：差不多都是贫寒同宗。

[21] 先绪：祖先的功业。

[22] 形质：肉体，躯壳。

[23] 嵩华：意为嵩山、华山。

[24] 植足：驻足。

[25] 任昉：字彦升，乐安郡博昌（今山东寿光）人。南朝梁著名文学家，幼而聪敏，举兖州秀才，拜太学博士。为政清省，吏民便之。梁武帝天监七年，卒于官，年 49 岁。追赠太常卿，谥号为“敬子”。

[26] 衣葛而畴恤：穿着粗布服装还有谁救济？衣葛，麻制的衣服。

[27] 陶令：即陶渊明。

[28] 魏收：字伯起，巨鹿郡下曲阳（今河北晋州）人，南北朝时期史学家、文学家。魏收在北魏末年担负起了皇家的修史工作，书成之后，众口喧嚷，指为“秽史”，魏收三易其稿，方成定本。魏收死后，他的坟墓被仇家挖掘，遗骨被丢出坟墓外面。

[29] 眷眷：指反顾的样子，依依不舍。

[30] 庶谋行乐：把经营盘算百姓的生活作为一种快乐。

[31] 阮孚：字遥集，阮咸之子。西晋陈留尉氏（今属河南）人。史上“兖州八伯”之一。阮孚喜欢木屐，以至经常擦洗涂蜡。

[32] 挈伴：带领着朋友。

[33] 曾元：曾参之子，春秋时鲁国人。

[34] 言子：言偃，字子游，孔子弟子，“孔门十哲”之一。

[35] 不玄：不黑。

[36] 齿胄：指太子入学与公卿之子依年龄为序。此泛指达官贵人的孩子。

[37] 贽：古代初次拜见尊长所送的礼物。

[38] 歙（shè）：县名，在安徽省。

[39] 赁（lìn）舍：租赁的房子。

[40] 廛（chán）：古代城市平民的房屋。

[41] 厥惟：就是只有，只要的意思。厥，语首助词。允嗣：子嗣。

[42] 奕世：累世，代代。

[43] 坠绪：指行将断绝。

[44] 九垓：指天地的终极之处，即天涯海角。

[45] 僇力：勉力；并力。僇，通“勠”。

[46] 凿楹有蠹：将屋前的柱子凿空了，就会有蠹虫产生。

豫诚堂家训

刘沅

导读

刘沅生平一直推崇朱柏庐的《治家格言》，但也认为其思想尚不够完备。于是为了更好地教育子弟，便模仿《治家格言》撰写了一篇《豫诚堂家训》。他说："朱柏庐家训甚佳，然义犹未备，草此使儿辈合而行之。"在《豫诚堂家训》中，他以格言的形式阐述了人们应该遵守的人伦道德，特别强调要敬天地、尊父母。要"宽仁厚德"，否则"不得为人"。继而笔锋一转，他又阐述了"孝与德""修德与修心"等诸方面的内容。训诫子孙莫犯邪淫，莫热衷势力，要"保养做善""知非改过"。此外他还讲到治生、正家、读书、为人的具体要求。不仅如此，作者还阐述了如何奉行、达到这些要求的途径。纵观全文，刘沅在文中训试子弟贵在一以贯之地躬行实践"做圣之基，庶乎近焉"这句话。

作者简介

刘沅（1768—1855），字止唐，又字讷如，号清阳居士、碧霞居士。四川双流（今属成都）人。乾隆五十七年（1792）由拔贡中式举人。道

光六年 (1826)，选授湖北天门知县。他平生安贫乐道，不愿外任，于是改任国子监典簿，不久便乞假回归，隐居乡里以教授为生。刘沅博览群书，过目不忘。他为人道德高厚，学问深渊，所注《孝经直解》《大学古本质言》等书百余卷，后来发明“槐轩之学”，“阐三教之精微，发圣人之奥妙，至精且详”，曾于清德宗朝饬史馆立传，以励儒修。

天理良心，人之所以为人。宽仁厚德，覆载所以长久。昧良悖理，不得为人。褊心小量，安能合天？得天理以为人，天地故为父母，父母才有我身，父母故同天地。欺堂上父母易，欺头上父母难，一念欺天，即为不孝，一念欺亲，得罪于天。修道以谕亲[1]，尊父母如天地也；尽性而参赞[2]，事天地如父母也。孝在修德，德在修心。移孝可以作忠，只为不欺不肆[3]；静存始能动察，必须毋怠毋荒[4]。犯了邪淫，便是禽兽；喜欢势利，定成鄙夫[5]。保养作善[6]，即守身诚身之义；知非改过，为希贤希圣之门。人生如梦，修善修福方长；大道难逢，父教师教为本。自心抱愧，说甚夫纲父纲；作事不真，怎样为臣为子。治天下无多术，养教[7]周全；学圣贤有何难，恕道[8]便好。勤职业，修心术，何患饥寒？贪财色，乱人伦，必戕[9]身命。弟兄以仁让为主，正家以夫妇为先。饱暖平安，是为清福；温良恭俭，到处春风。读书要读好书，凡事必宗孔孟；做人要做好人，时刻敬畏神天。善为儿孙积财，不如积德。多行巧诈害己，安能害人？先代格言[10]甚多，在乎身体；圣人事业何在，必先正心。私欲去而聪明始开，致知故先格物[11]；念头好而是非分明，实践乃为诚意。养心养气，小效亦可延年；成己成人，功夫全在大学。道须深造，功在反求。在上不正其趋[12]，人才从何而出？伦常本于心性，故曰一以贯之。学业务于浮华，所以万事堕矣。戒之，勉之，庶乎不替祖训。

《朱柏庐家训》甚佳，然义犹未备。草此使儿辈合而行之。

自记。

注释

[1] 修道以谕亲：修道是为了让父母明白“道”的真谛。

[2] 尽性而参赞：尽心修习心性并尽力去教化人民。

[3] 移孝可以作忠……不肆：把孝敬父母之心，用到忠君爱国上去，这是因为自己已经做到不存欺诈之心、不做放肆之事的程度。

[4] 荒：放纵，迷乱。

[5] 鄙夫：庸俗浅陋的人。

[6] 保养作善：涵养内心，积极行善。

[7] 养教：教养，指文化和品德的修养。

[8] 恕道：宽仁之道。

[9] 戕（qiāng）：杀害。

[10] 先代格言：过去朝代一些先贤遗留下的，含有教育意义，可为指导人行为准则的字句。

[11] 格物：探究事物的道理，以纠正人的行为。语出《礼记·大学》：“致知在格物，物格而后知至。”格，穷究。

[12] 趋：此指追求的方向。

母教录

郑珍

导读

《母教录》是郑珍关于母亲黎氏生前言谈举止的回忆录。郑母病逝，郑珍悲痛欲绝，筑舍守墓，并在守墓期间写下此书。全书共六十八条。书中用通俗生动、性格化的语言模拟母亲生前口吻，描绘其音容笑貌，读来如闻如见，凄切感人。黎氏对子女教育非常严格，要求子女凡坏事一件都不能做。其次，鼓励子弟读书，认为："书何处不可读？或树下，或檐角，皆可。"并勉励子弟除读书外，还要掌握一些劳动技能。此外，她对传统社会妇女应遵守的"妇德"也提出了自己的看法，认为："妇人在家从父，出嫁从夫，夫死从子，此是不易正理。若遇变，须是自家作主，从便误了一生。"这种思想在封建礼教对妇女控制比较严厉的清代社会是很难能可贵的。该书感情真挚，语言朴实无华，因此颇受后人推重，清人莫友芝评价说："孺人教诸子切近笃实，无华俗。……及珍撰《母教录》，述训语甚备。云妇人舍言、容、功无寻德处……括《女戒》《女训》之蕴。他于立身、持家、涉世之道，亦迩譬曲喻。岂惟女宗，盖有儒者风焉。"

作者简介

郑珍（1806—1864），字子尹，号柴翁，贵州遵义人。晚清著名经学家、诗人。道光十七年（1837）举人，随后任荔波县训导。同治二年（1863）大学士祁寓藻举荐他入朝，特旨以知县分发江苏补用，他最后辞去没有出任，在家专门以教学、著述为业。其母黎氏（1776—1840），是遵义沙滩黎安理第三女，自幼受黎氏家学熏陶，通晓诗书，又经受过艰苦生活的磨炼，养成了勤苦耐劳、慈和宽厚的情操。年 25 岁嫁给同县教书先生郑文清为妻。由于郑文清家贫早逝，黎氏含辛茹苦，育子成人。史称其“事祖姑及姑能得其欢心，贫令长子珍就傅，诸子力田，教督之甚肃”。于公婆可谓极尽孝道，于子女则含辛茹苦。

自序

公父文伯之母曰：“君子能劳，后世有继。”斯言也，天道人事尽之矣。夫惟能劳而后能言劳。历观古贤母，如崔玄暐、家善果诸传所载，世隔千载，声口宛然，心柔蓤短，何非此义？固知捧帕而悲，今古同焉矣。珍母黎孺人，实具壶德。自幼至老，艰险备尝。磨淬既深，事理斯洞。珍无我母，将无以至今日。“恩斯勤斯，鬻子之闵斯。”惟身受者乃心知耳。而今已矣！母子一生，遂此永诀。涕念往训，皆与古贤母同符共揆。在当时听惯视常，漫不警励，致身为孔孟之罪人，母之不肖子。今日欲再闻半言，亦邈不可得矣。天乎痛哉！爰就苫次，摹吻而书，到今凡得六十八条。仿李昌武、杜师益《谈录》

例，录成一卷。匪独备久或遗忘，亦以见珍之为罪人、为不肖者，非母之不善教使然也。

庚子年八月，男珍谨序。

母教录

母曰："坏事总不可做过一次。人未做坏事时，尽明知道不好，不惟不做，还得劝别人。若做了一次，便觉得如此也不妨，往后越做得有味，直以为好事了。已是不孝不弟，不仁不义，他还说出许多道理、许多缘故来，竟是合该如此底。故凡一切坏事，只拿定主见，宁忍耐着莫去试手。语云：'一回是徒弟，二回是师傅。'为善容易回头，为恶能回头者，十未见其一也。"

珍[1]幼自馆归，母命种陌豆[2]。有余力，母曰："盍[3]读书？"以无读处对。母曰："书何处不可读？或树下，或檐角，皆可。必须明窗净几又无一事才开得口、用得心，汝无此福！真读书亦不如此。"

珍出就傅[4]。母戒曰："汝往，毋得罪了朋友。"请故[5]，曰："汝贫人子而幼，众人非有不得已，必顾惜汝也。汝于贤者常亲之，事事尽诚实焉；于不贤者亦常亲之，事事勿沾惹焉。如此则贤者乐教汝，不贤者末从詈骂[6]汝。汝虽远我，不汝虑也。"

山居，尝代母纺。母曰："读书人于本分事件件能得，急时皆有受用处。先大夫穷时课生徒，每有间，即登纺车，膝上置书一册，手目并用。线虽较粗，日所赢[7]可一人食。谚曰：'男无志，纺棉花；女无志，走娘家。'顽惰子弟每以此借口，于衣食事全不解得。倘一朝落泊[8]，去做那一件？"

母曰："何梁庄宅前大土，寻常必五六工始芸[9]一次。汝曾大母[10]告我言：昔与汝曾大父天白出芸，一从东畔起，一从西畔起，至晚即薅币[11]。汝曾大父犹嫌迟也。先代勤德如此！"

母曰："子弟不宜重膝坐，妇女尤是丑相。人都说如此坐甚逸，我却重膝不成。"

母曰："先舅未作秀才时，常白日牧牛割马草，夜始读书，布袜惟入冬始得着。独子之家，衣食饶足，教之严且如此。此闻之汝曾大母云。"

母曰："我一年每日三炊，每夜两维[12]；薅插时常在菜林中，收簸时常在糠洞中。终日零零碎碎，忙得不了，头不暇梳，衣不暇补，方挪得尔去读书。尔想此一本书，是我多少汗换出来？焉得不发愤！"

珍学于舅氏，距家仅一里许。每霜晨，念母之起也寒，归拾薪[13]一束置门外去。母后知之，戒曰："晨气清明，读书易记，悟理易入。我起炊，常近火，不寒也。毋若此误汝晨功。"珍年十四，小试不售[14]。归，十日不就塾。母曰："汝再懊十日，不成便与汝一秀才？却早虚过了十日也。"

母曰："人家凡物事必留余地。如一斛米，随盛一小罂[15]置僻处，后十年，有小儿脾弱，即得陈米一斤。姜随藏一两芽，温表时即可应急。笋叶随存六七斤，屋漏时即可插瓦缝。当时若不留，亦尽用了。留之毫无所损，取用皆等于黄金。"

母曰："先大夫[16]病脾疟二年，我日拾薪煮药三次。先大夫常喜我于事耐烦。"

母曰："处兄弟妯娌，常想若父母舅姑止我一人，我未必不事事要做，即无不和睦之理。又常想若遇兄弟妯娌或病或痿废[17]，我未必不饮食之、扶持之。今尚能助我一二，更无不和睦之理。”

母曰：“人性急，真可笑。如饮食，饭未熟，终要待他熟。不成一急他便为尔熟也！”

母曰：“语云：当用不须俭。无论贫富，当用底少一件不得。惟谨食谨用，不可胡乱作践。先大夫艰难时，虽馆谷[18]无几，鱼肉之属月必数回，大家吃得欢天喜地。查[19]、梨、枣、柿之类，岁无告匮者。每见人浪费甚多，日用饮食却吝脚吝手，终是穷相。平时也过去了，若遇祭祀、宾客，直不成事体！”

母曰：“我观人举动、说话，都带几分朴气，大半不失为好人。反此，即不免薄相。”

母曰：“亲友间非有大故[20]，当委曲完全，不可便破脸破相。试想生平与居处往来者能有几家？若因毫毛细事即断绝一家，能彀得几年断绝？我昔年晒大钵酱，一族人夜舀半去。晨告者非一，我应之曰：‘是晒减，非人窃也。’他日过彼家，彼欲观我知否，即以酱食我。我尝之，即曰：‘今年汝家酱味胜我制者。’其人释然。又种稍瓟[21]一架，熟时，邻家尽摘去。彼固未种此。一日过之，彼灶上置一颗，甚忸怩。我曰：‘汝买瓟较我种大，色亦较好。可送我为来年种。’归，仍以米偿之。其人往还如故。当时若认是我物，彼未必即偿我，又增口舌，因自此不往来。一物小事，令我与彼即算了一生，岂非不值？语云：‘吃的亏，住一堆。’”

母曰：“居家穿破布衣裳，仅便劳辱[22]；若出外，则可布素，不可褴褛。语曰：‘人是桩，靠衣裳。’何若拖衣落饰，招人作践！惟不可讲究华丽，为有识者所轻厌也。”

母曰：“话不可说尽，福不可受尽。”

母曰：“我分居大田山下时，汝曾王母[23]年几九十，与同去住两安[24]，未尝见有厉言厉色。”

母曰：“居家，虽破罐破摔，亦须年置整齐。妇女若全没收拾，终成家不得。”

母曰：“家人有一慈良者，鸡犬之类必尝亲近之，悍暴，则呼之反去矣。性不驯兽，畜生犹恶，而况人乎？”

母曰：“茶饭是妇女第一事。若到人家，灶下清清静静，饮食却具办妥速，虽土登瓦缶，是兴相也。若闹了半日，只是茶不温，饭不熟，茅茅草草，谨图送客出门，即知内助不得力，虽富贵，不足取。”

母曰：“家常布衣布裳，妇女若解得裁缝，便可自作，毋徒以针黹[25]见长。”

母曰：“皇天不没苦心人。凡事只苦得，总不落空。我初移来时，此四面种瓜近百窠[26]，岁仅得十余瓜食。近十年来，种者并叶茂实大。人只说莱也世情，焉知积年粪壅[27]，费无数力也？”

母曰：“食时嫌咸嫌淡，只老人则可，子弟如此，极可恶。家常茶饭，只要有吃，上顿不适口，或下顿适口，皆隔得几时？偏有许多聒噪[28]！”

母曰：“我嫁时银饰，尽于汝丙子年师资。”

注释

[1] 珍：作者郑珍。

[2] 陌豆：田间路边的豆子。

[3] 盍（hé）：何不，表示反问或疑问。

[4] 就傅：从师。语出《礼记·由则》："十年，出就外傅，居宿于外，学书记。"

[5] 请故：请教原因。

[6] 笞骂：鞭打责骂。

[7] 赢：获利、收益。

[8] 落泊：穷困失意；流落无依。

[9] 芸：古同"耘"，除草。

[10] 曾大母：曾祖母。

[11] 薅（hāo）币：拔除完毕。薅，拔除。币，通"毕"。

[12] 维（suì）：把丝收在纺车的收丝器上。此指纺织。

[13] 薪：柴火。

[14] 小试：旧时太学生、童生应贡举及学政、府县之考试。不售：指考试不中。

[15] 罂（yīng）：古代一种盛酒或水的容器。此泛指容器。

[16] 先大夫：故去的祖父。大夫，通"大父"，即祖父。

[17] 痿废：痿缩残废。痿，中医指身体某一部分肌肉萎缩或失去机能的病。废，指神经不健全或肢体残废。

[18] 馆谷：私塾师教授学生的收入。

[19] 查：通"楂"。山楂。

[20] 大故：大的变故，意外发生。

[21] 瓝（bó）：小瓜。古书上说的一种草。

[22] 劳辱：劳苦。亦指劳苦之事。

[23] 曾王母：父亲的从祖祖母。《尔雅·释亲》："父之从祖祖母为族曾王母。"

[24] 两安：今广西两安瑶族乡，地处钟山县西北部山区，古称"保安""安乐"。

[25] 针黹（zhǐ）：针线活。

[26] 窠（kē）：古同"棵"。

[27] 粪壅（yōng）：用肥料培在植物的根部。

[28] 聒噪（guō zào）：说话琐碎，声音喧闹，令人烦躁。

壬辰春，书贩至，有礼书数种，急欲购读。议价三金矣，计无所措，舍之。以告母，母曰："彼能欠乎？"对曰："虽春放夏收，然尔时终无出。"母曰："但尔时收，我珥金环易一，足酬之，其一仍可化双珥也。"珍于是得读数种。后母遍翻《聂氏图》[1]，笑曰："我不谓一小环，换得若干礼器！"

母曰："家常宜用五土：盘碗土器最朴，衣衾土布最暖，房屋土壁最洁，院落土墙最坚，炊爨土灶最久。土器坏易买，土布破易补，土壁旧易垩[2]，土墙倒易整，土灶湿易干。"

母曰："我欲命汝不饮，则酒原不误人；我欲命汝饮，则人又误于酒。汝自量焉。"

母曰："人家不宜有者多，骰子[3]、鸟笼尤可恶之甚！"

母曰："先舅年六十时，男女孙几二十辈，有一味之甘[4]，必呼汝共食。课汝读，怒而弗笞也；偶怒甚，误笞一二，必呜咽流涕，不食终日。盖缘汝曾大母于汝生时终，疑为再世然也。先人孝思，即此可见[5]。"

母曰："汝曾大母告我言：当分居时，田入不及十石，汝曾大父以书生自耕，昼作不足，继以月夜。值耕耘，有亲友至者，耻与之言实，谓：'至某处矣，俟呼之。'随携鞋袜与衣，自塍[6]呼归。而人不知也。"

母曰："语云：负人者为奴。汝想到债主登门时。少衣缺食，宁忍耐过去，勿轻贷也。"

母曰："懒人只是志气大。他把全副富贵都打算到了，却算丁丁点点做将来，济得甚事？故尔都懒做。不知事事勤苦，固未必能富贵，终要眼前过去得。"

青苗[7]何某，忠于佃。无子而老，居牛宫侧。当珍侍父游齐时，苗病，体发黄，声如牛吼，人无敢视者。母独与其老妇饮食之，敛葬之。尝曰："我扶之终日始绝气。当时只悯其痛苦，不知其病可畏也。"

母曰："我初移来时，先大夫年七十矣。每数日一来过，鸡埘、㲠盘[8]皆检点到。一日造西厕，佣以急于耕，未就盖。先大夫闲话顷，随手编茅苫，未半炊即毕。其好劳如此！"

母曰："居宅盖草瓦俱佳，只宜狭小。五柱四架三四所，安置得宜，使家人不远不逼，便常有亲密气象。若多且大，父兄难于呼应往来，子弟易于藏懒作奸，七离八落，非长久之道"。

母曰："善说善笑，固取得人喜欢。其实当说当笑处能有许多？只是假得惯也。莫道如此始与人相宜。我平生都不会，而今也不见人道不好。"

母曰："汝曾大母年九十岁时，犹收稻二百余石，荞麦等四五十石。我见其常衣布衣，不下补数十处也。"

母食菹酱[9]，每餐仅一方。珍曰："随意食之，何必如是？"母曰："凡物，若狼藉食之，再进，已亦必生不洁之厌。我如此，即己不能尽，亦便与人食。"

甲午孔子生日，卯儿发蒙[10]。母曰："我五十九岁初见孙开口读书，不欲其懒惰，又不欲其太苦。汝教之，当知有刘居正，又当知有王述[11]。"

母曰："我欲使人，不如自起为之之如意也。我如待人，不如自缓为之之早成也。"

母坐书室，遍阅插架，曰："多矣！"珍曰："多则多矣，然骤读[12]不到，诚以此钱供甘旨[13]，不犹愈乎？"母曰："若以供甘旨，今皆在溷厕[14]中矣。语云：一世买书三世读。汝家落后，遗籍仅一堆，授汝者皆其本。若当时少一部，亦少授汝一部矣。此物事焉能读尽？能一卷中得一句两句，便有益不少。勿悔也！"

母见一孙常读不成倍[15]，即私语之曰："尔速成倍，我与某物吃；同我往某去作某事。"珍曰："渠[16]既心眼不专，母如此，越不专矣！"母曰："此教子古法，汝读书终不到。"后珍读《大戴·保傅篇》云："择其所嗜，必先受业，乃得尝之；择其所乐，必先有习，乃得为之。"卢辩曰："恐其懈堕，故以所味好诱之。"乃恍然知母有所受。

母曰："妇人在家从父，出嫁从夫，夫死从子，此是不易正理。若遇变，须是自家作主，从便误了一生。妇言、妇容、妇功，只完全一个妇德。言只要低声下气，即朴钝也不妨；容只要穿裹整洁，即丑陋也不妨；功则自小来针黹、纺织、酒食、菹醢[17]，直是一生做不尽。妇人舍此三者，从何处寻出德来？"

珍谓："母劳矣！儿岂不足供蔬粥，必待母为之乎？"母曰："好好一人，非手足不能动，焉有些子不做之理？"

注释

[1]《聂氏图》：宋人聂崇义著的《三礼图集注》。

[2] 易垩（è）：容易用土涂饰。

[3] 骰（tóu）子：骨制的赌具。

[4] 之甘：此处指味道好的食品。

[5] 盖缘汝曾大母于汝生时终，疑为再世然也。先人孝思，即此可见：此句意为，是因为你的曾外祖母在你出生时，一直怀疑你是你曾外祖父的轮回再世。先人的孝心由此可见一斑。

[6] 塍（chéng）：田间的土埂子，小堤。

[7] 青苗：过去对苗族的别称。

[8] 鸡埘（shí）、彘（zhì）盘：鸡窝，猪食槽。

[9] 菹（zū）酱：酱菜。

[10] 发蒙：谓开始学习识字读书。

[11] 刘居正：字安行，乐寿（今河北献县）人。宋仁宗天圣二年丙科进士，官秘书丞。好学敏文词，书模范二王，后兼采唐人用笔法。工行草。王述：字怀祖，晋朝人，封蓝田侯，人称王蓝田。太原晋阳（今山西太原）人。东海太守王承之子。历任扬州刺史和卫将军、尚书令。

[12] 骤读：迅速地诵读。

[13] 甘旨：指养亲的食物。

[14] 溷（hùn）厕：厕所。

[15] 成倍：快速。

[16] 渠：方言，他。

[17] 菹醢（hǎi）：肉酱。

母曰："处家在外，钱财不可不分明，亦不可太分明。出纳，支若干，存若干，我负欠若干，俱当留意。至亲戚朋友，决不可因锱铢[1]小数论到尽头。语云'善算也是穷'，太分明之故；'不善算也是穷'，不分明之故。”

母曰：“乞儿在门，多少与之去。其声我不忍久听也。每见人家残浆剩饭及小儿女抛撒，终日不知践踏多少！此辈来却张威作势，小则骂之，大则笞之。凌弱暴寡，本事止如此！甚无取也。”

邻鸡时过墙损圈蔬，母见，必徐麾喝[2]，或呼其主朔[3]之去。珍谓：“盍击之[4]？”母曰：“彼畜生何识？恐击之而伤也。”

邻有居宅旁别山者，蓬枢甕牖[5]，与其子攻竹为业。俱病疫，而子尤殆[6]，人无敢过其门。母持三升米呼珍偕往视之。至所居，母曰：“汝若心怯，即不入。”珍偕入。其子已无人色矣。母抚慰半时即归，促珍父往与脉治，卒之皆起。母尝言曰：“莫谓疫无鬼，只到其家，心中毫不猜疑，鬼亦无缝得入。若鬼得入，毕竟是自己先病，借得发作，并非传染。”

珍偶与卯儿说东坡诗：“不缘耕樵得，饱食殊少味”。母曰：“与小儿言，当就他所知处告之。太宽则不得头脑，亦且厌听。”即笑语之曰：“此道理如我种四季豆时，尔从旁种几窠，今日尔看去，已说比我种底好，后来结子，亦必觉得分外有味。又如今晨剥蚕豆，尔自剥一盘蒸食，吃得净尽，更不别顾他物。可见凡事一经手作，便是有味。若都没用过心力，任说出血来，尔只看是白水。”

母曰：“我生时，先大夫以家穷多女，命不乳。三日矣，大母怜不即死，命乳。我乃活。到今每八月初三，念父子天性，尔时宁弃不举，不知有多少没奈何？先宜人[7]同是生日，道尔时仅借得两鸡子食。贫家艰苦，事事伤心。既生为女，毫不得力，更何心肝受人庆寿！今生汝慎勿为我作生日，惟晨起两拜，不汝禁[8]。”

母曰：“人家无论有无，皆当勤苦节俭，非勤苦人不知。”

母曰：“教子须父严则母慈，父慈则母严。教女三分严，七分慈可也。教媳妇自是为姑底事。每见为舅[9]者硬扭作儿女一般，直是野礼，不自觉其可笑也。”

母曰：“平生恨不及事先姑。汝曾大母告我言：程氏妇识字，通大义，性温顺，勤妇职。后山橡林，半是手种。闻与汝季祖姑[10]最相得，嫁矣，闻先姑死，泣念不置[11]，数日即死。”

母曰：“人家兴败不在富贵贫贱上说。科名有时而微，田宅有时而卖，终要大大小小成个样子。”

母曰：“汝于子弟有不喜处，终日不理睬之，何为也？”珍曰：“待其愧悔，然后教之耳。”母曰：“汝失计也。凡怒子弟，小则骂，大则笞，他当下自知愧悔。藏怒，汝自取烦恼耳。若他不专心务业，汝不成终与之绝？待两三日才理睬他，他又乐得两三日顽混。何苦如此耶！”

珍谓：“母衰矣，劳役[12]有代者，盍常呼大妇与弈为乐[13]，岂不足以习手乎？”母曰：“我浇锄园圃，日见其美茂焉；饲鸡豚狗彘，日见其肥泽焉。乐此，不劳也。平生且不喜看人博弈，焉能老而作此？且老人若摩动此等物，小儿辈必从旁观弄，久之，必用心于此。是非为乐，乃忧端也！”

母曰：“我看酒风人[14]，旁人越劝阻越有兴，若其父母及所畏惧者一发声，即退缩哑了。可见心本明白，直是火毒乱攻，自不按遏，借酒遮着脸皮，任随放肆。即得罪人，不过曰：‘我实醉，不知也。’人亦多恕过。他以此雨行旧路，愈惯愈甚，全无羞耻。饮酒我不汝禁，遇宾客燕会[15]，即醉也不妨。若稍有此等模样，即终身可不用见我。”

母曰：“用使女当以恩义得其心。彼于我如子女一般，自然事事鼓舞去做，亦不畏首畏尾。若稍不如意，即鞭挞随之，自然要弄巧弄诈，希图逃责。每见人如此，我真不解。灵蠢是天性，不能勉强，总之，要善摆布。不合意，助之可也。若不言而自喻，不教而自就，他那还作人使女？”

母曰：“居乡村，遇祖宗生忌，或适难得肉，即摘园蔬、磨豆乳亦可致祭。以将诚敬而已，丰腆[16]不定在荤腥。”

珍问母：“叔婶多矣，何以于母都爱敬？”母曰：“为嫂分既尊，我不善言不善笑，见叔等只肫肫款款[17]与之接，诚诚实实与之言，一切闲是闲非总不理会。爱敬我，或因此。”

母曰：“我嫁时布帐，到今四十年，虽破旧，绫罗我不易[18]也。”

母曰：“居大田山下时，一日大雨，汝父不知所之。汝曾大母出门外观望。顷以事呼入。方至庭，而所倚墙即倒。此事殆[19]有神佑。”

母曰：“我一时不作劳，即觉此身无安顿处。想真好学人，亦必舍书即觉心无安顿处，同是一个道理。”

注释

[1] 锱铢：形容很少的钱。

[2] 徐麾喝：慢慢地呼喊着轰走。麾，本意指挥，此为驱赶。

[3] 粥（zhōu）：呼唤鸡的声音。

[4] 盍击之：为什么不打它。盍，何不，表示反问或疑问。

[5] 蓬枢（shū）甕牖（yǒu）：用蓬草编门，用破瓮做窗。指贫苦的人家。

[6] 俱病疫，而子尤殆：意为，都患了重病，而且他的儿子尤其严重。殆，危。

[7] 先宜人：此处指婆母。宜人，封建时代妇女因丈夫或子孙而得的一种封号。

[8] 不汝禁：不禁止你。

[9] 舅：古称丈夫的父亲。

[10] 季祖姑：父亲最小的姐妹。

[11] 不置：不舍，放不下。

[12] 劳役：操劳，劳作。

[13] 大妇：长子之妻。与弈：和她下棋。

[14] 酒风人：撒酒疯。风，通“疯”。

[15] 燕会：宴会。

[16] 丰腆：指饮馔或祭品的丰盛。

[17] 肫肫（zhūn）款款：诚恳和乐的样子。

[18] 易：换，交换。

[19] 殆：恐怕，可能。

跋

《母教录》一书，望山堂原刻，黄白号之乱，板毁于火。世平后，此书之流传者已如麟角凤喙，仅落人间，欲求一识，几不可得矣。昔先叔妣[1]郑宜人遗言：“家书《母教录》，语语珠玉，儿女子等不可不读。”而恺尝抱未见之恨，求之旧家书橱中有年，弗克如志[2]。忽于乡中人家获示秘藏，如睹景星庆云[3]之快，乃假钞而归之。因令诸儿女子各写一通，以时检阅。而恺[4]所录本，携之游蜀，辛亥之后，又付飘零，因不禁重有感矣。遂取女侄碧手钞本，复搜录序传，以成全璧。适杨甥元桢自渝索取谋印刷，因书其颠末。审诸贤母名儒口吻心画，洞彻古今时世之言，虽经流离变乱，而间关率获睹于六十年之后，非不幸也。当与读者同为一快。庚申春遵义赵恺谨志。

注释

[1] 先叔妣：故去的婶母。

[2] 弗克如志：没有放弃当初的志愿。

[3] 景星庆云：吉祥的征兆。庆云，五色云，祥瑞之云。

[4] 恺：指赵恺。

倭文端公遗书

倭仁

导读

倭仁在这篇家训中严肃指出其子侄中日习奢侈之风，讲究吃喝玩乐，不思上进的弊害所在，要求他们通过多读书，用学识净化自己的身心，戒除不良习气。他反复告诫子侄辈，读书做官是正途，捐资求官不可取。他一再强调，兄弟之间应和睦团结，不要你争我夺，败坏家庭声誉，致贻笑于世人。倭仁在这里所提出的问题及其解决的方法，虽然是从封建文化的角度阐发的，但其中某些内容对于当今家长如何教育子女学真本事、做真学问、做有益于社会的人，还是具有一定的现实意义的。尤须指出的是，倭仁能够以平等的姿态，勇于承认自己的不足，要求子侄辈引以为戒，这种教育方法也是可以借鉴的。

作者简介

倭仁（1804—1871），乌齐格里氏，字艮峰，蒙古正红旗人。晚清大臣、理学家。道光九年（1829）进士，选庶吉士，授编修，历中允、侍讲、侍读，“北京政变”后，倭仁以讲授程朱理学受到重用，擢为任副都统、工部尚书、文渊阁大学士，兼任同治帝老师。同治十年（1871），晋升为文华殿大学士，因病乞休。不久病逝，追赠太保，谥“文端”，入祀贤良祠。著有《倭文端公遗书》。

到京后宜谢绝酬应，收敛身心，熟读旧文，时时涵泳[1]，按期作课，勿令生疏。断不可闲游听戏，大众聚谈，荒废正业。体亲心期望之殷，三年一场，甚非容易，努力为之，勿自误也。

予尝独居深念，时切隐忧[2]。吾家世敦朴素，自入仕途，渐习奢侈，衣服器用踵事增华。纵口腹之欲，典当有所弗惜[3]；饰耳目之观，贳[4]取暂图快意。只知体面，罔[5]顾艰难。抑思盛衰循环，富贵岂能常有？一旦事殊势异，家人习奢日久，必不能顿[6]俭，必至失所。失祖宗节俭之风，致子孙饥寒之渐[7]，可虑者一。先世孝友传家，敦崇仁让，同居共食，人无闲言。近年以来，猜嫌渐起，或以外人谗间[8]。或以意见纷歧，一言之细遂至忿争，一物之微动分尔我，乖睽[9]离异，言之痛心。至祖父含怒于九泉，子孙效尤[10]于数世，可虑者二。汝大伯父暨我暨汝父，赖先人德荫幸列科名，一脉书香，常虞失坠。汝辈兄弟中，咸不知义命，妄意捐升田以荫得官裕[11]。姿质驽钝[12]，所望读书应举者，惟汝辈数人耳。曜报捐知县，想已无志《诗》、《书》，不知“资郎”[13]二字，有志者皆耻言之。趁此少壮精神、宽闲岁月，勤学好问，广览博闻，求为国家有用之才，将来登科第，建事功，尽孝全忠，何等荣贵，而乃以铜臭功名自甘菲薄耶？无志甚矣！此端一开，少年中无定见，皆思就此一途，诵读之心意不专，清白之家声日替[14]，可虑者三。以上三事，皆家门兴败关头，吾故痛切言之。

汝辈身列胶庠[15]，非毫无知识者，须念物力之艰，力求俭约，勿习浮华，勿学放纵，将平日爱华靡、喜疏散种种积习全行改变，作一个醇谨朴实子弟，较之鲜衣肥马为有识所窃笑者，不相去万万耶？汝辈天性醇厚，尚知孝道，近闻手足间亦渐有乖离之意，此最不可。须知骨肉至重，凡百皆轻，勿贪货财，勿私妻子，勿以亲心偏向而退有怨言，勿以言语参差而辄[16]生嫌隙。兄宽弟忍，式好无犹[17]；和气熏蒸[18]，祯祥自至。而其所以能刻苦，能知友爱，则总在勤奋读书耳。平日静坐收心，除温习举业外，取古人嘉言善行手录心维，思古人何以能此，我何以不如古人，因愧生愤，必求如古人而后已，则精神内敛而一切骛[19]外驰求之念自息，道心日生，而孝弟忠信、仁厚礼让自感触而即发矣。不然，淡泊之味终不敌物欲之浓，质地之美日夺于习俗之敝，虽欲袪奢崇俭，革薄从忠，乌可得哉！

予德衰薄，不能正身齐家，时用[20]内愧，然念汝爱汝，故以我所欲改者戒汝，所欲能者勉汝。知而不言，是我负汝辈；言之不听，是汝辈负我，并自负也。思之，思之，勿作一场闲话看过。

注释

[1] 涵泳：深入体会。

[2] 隐忧：深深忧虑。

[3] 弗惜：不觉得可惜。

[4] 贳（shì）：赊欠。

[5] 罔：无。

[6] 顿：立即，马上。

[7] 渐：事物的开端。

[8] 谗间：用坏话离间别人的关系。

[9] 乖睽：背离，抵触。

[10] 效尤：仿效坏的行为。尤，错误。

[11] 捐升田：封建时代政府准予士民捐资纳粟以得官衔，此处指捐献一些粮食和田地获官并凭借这种特权而取得做官的好处。荫：封建时代子孙因先代官爵而受封之称。

[12] 驽钝：愚钝无能。

[13] 资郎：经纳资而得官的人。

[14] 替：衰败。

[15] 胶痒：西周学校名。此处指学校。

[16] 辄（zhé）：即。

[17] 式好无犹：此处指兄弟之间和睦亲近，不怨恨成仇。语出《诗·小雅·斯干》：“兄及弟矣，式相好矣，无相犹矣。”式，作语气词用，无义。犹，通“尤”。

[18] 和气熏蒸：和和气气的风像轻烟一样向上吹拂。

[19] 骛（wù）：乱跑，追求；从事。

[20] 用：因此。

曾国藩遗嘱

曾国藩

导读

这篇《遗嘱》原书于曾国藩的日记册中，同治十一年（1872）二月初四，曾国藩在散步时忽然中风，回屋时已不能说话，于是便从日记中抽出这四条心语作为遗训给诸子。卷首写道：“余通籍三十余年，官至极品，而学业一无所成，德行一无可许，老人徒伤，不胜悚惶惭赧。今将永别，特将四条以教汝兄弟。”它既是曾国藩对儿辈的告诫，也是对他自己一生为人处世的总结。慎独，即谨慎独处：一个人在独处时，也能做到严格要求自己，不妄取不苟为；“主敬则身强”：实际上讲的是一个人的精神状态的重要性；“求仁则人悦”：说的是对人要有爱心。你关爱别人（欲立立人、欲达达人），别人也就欢迎你；“习劳则神钦”：人应当用自己的劳作来换取生存和社会地位。圣君贤相，以自己的智慧给天下百姓带来福祉；作为一个对家族具有深厚责任心的家长，曾国藩对于子孙的长远关怀，更多的是形而上的智慧的传授，而不是形而下的财富的遗留。曾氏此刻已是百病缠身，自知不久于人世，他将多年的人生思考凝聚为慎独、主敬、求仁、习劳八个字，作为最后的家训传给二子，希望他们牢记于心，传之于后，长保曾氏家族的兴旺不衰。其用心真是良苦深远之极。

作者简介

曾国藩（1811—1872），原名子城，字伯涵，号涤生。湖南长沙府湘乡（今湖南娄底）人。中国近代政治家、战略家、理学家、文学家，湘军的创立者和统帅。与李鸿章、左宗棠、张之洞并称“晚清中兴四大名臣”。道光十八年（1838）考中进士。选为翰林院庶吉士，之后累官至兵部右侍郎。在京十多年间，曾国藩十年七迁，连升十级，升至二品官位。咸丰二年（1852），曾国藩因母丧还家守制，这时太平天国运动兴起，曾国藩随即组建地方团练，称为湘勇。咸丰四年（1854），湘军大举出击，经历十年的苦战，于同治三年（1864）七月，湘军终于攻破太平天国的天京（南京）。朝廷加曾国藩太子太保、一等侯爵。他随后追剿捻军、兴办洋务，同治七年（1868），曾国藩改任直隶总督。同治九年（1870），天津教案发生，曾国藩处理教案的结果引起天津绅民不满，被骂为卖国贼，全国舆论大哗。同年，曾国藩再任两江总督，同治十一年（1872）在南京西花圃散步，突发疾病去世。朝廷闻讯，辍朝三日。追赠太傅，谥“文正”，祀京师昭忠、贤良祠。著有《求阙斋文集》《诗集》《读书录》《日记》《奏议》《家书》《家训》《经史百家杂钞》《十八家诗钞》等。后合集为《曾文正公全集》。

同治十年日课四条金陵节署中日记

一曰慎独[1]则心安

自修之道，莫难于养心。心既知有善、知有恶，而不能实用其力以为善去恶，则谓之自欺。方寸[2]之自欺与否，盖他人所不及知，而己独知之。故《大学》[3]之“诚意”章，两言慎独。果能好善如好好色，恶恶如恶恶臭；力去人欲，以存天理，则《大学》之所谓“自慊”，《中庸》之所谓“戒慎恐惧”，皆能切实行之。即曾子之所谓“自反而缩”[4]，孟子之所谓“仰不愧”、“俯不怍”[5]，所谓养心莫善于寡欲，皆不外乎是。

故能慎独，则内省不疚，可以对天地、质鬼神，断无行有不慊、于心则馁[6]之时。人无一内愧之事，则天君泰然。此心常快足宽平，是人生第一自强之道，第一寻乐之方，守身之先务也。

二曰主敬则身强

“敬”之一字，孔门持以教人，春秋士大夫亦常言之，至程、朱则千言万语不离此旨。内而专静纯一，外而整齐严肃，“敬”之工夫也；出门如见大宾[7]，使民如承大祭，“敬”之气象也；修己以安百姓，笃恭而天下平，“敬”之效验也。程子谓上下一于恭敬，则天地自位，万物自言，气无不和，四灵[8]毕至，聪明睿智，皆由此出。以此事天飨帝，盖谓敬则无美不备也。

吾谓“敬”字切近之效，尤在能固人肌肤之会、筋骸之束。庄敬日强，安肆日偷，皆自然之征应。虽有衰年病躯，一遇坛庙祭献之时，战阵危急之际，亦不觉神为之悚，气为之振，斯足知敬能使人身强矣。若人无众寡，事无大小，一一恭敬，不敢懈慢，则身体之强健，又何疑乎？

三曰求仁[9]则人悦

凡人之生，皆得天地之理以成性[10]，得天地之气以成形。我与民物，其大本乃同出一源。若但知私己，而不知仁民爱物，是于大本一源之道已悖而失之矣。至于尊官厚禄，高居人上，则有拯民溺[11]救民饥之责；读书学古，粗知大义，即有觉后知、觉后觉之责。若但知自了而不知教养庶汇[12]，是于天之所以厚我者，辜负甚大矣。

孔门教人，莫大于求仁，而其最切者，莫要于“欲立立人、欲达达人”数语。立者自立不惧，如富人百物有余，不假外求；达者四达不悖[13]，如贵人登高一呼，群山四应。人孰不欲己立、己达？若能推以立人、达人，则与物同春矣。

后世论求仁者，莫精于张子之《西铭》[14]。彼其视民胞物与，宏济群伦，皆事天者性分当然之事。必如此，乃可谓之人；不如此，则曰悖德，曰贼。诚如其说，则虽立天下之人，尽达天下之人，而曾无善劳之足言，人有不悦而归之者乎？

四曰习劳则神钦

凡人之情，莫不好逸而恶劳；无论贵贱、智愚、老少，皆贪于逸而惮于劳，古今之所同也。人一日所着之衣、所进之食，与一日所行之事、所用之力相称，则旁人韪[15]之，鬼神许之，以为彼自食其力也。若农夫织妇，终岁勤动，以成数石之粟，数尺之布；而富贵之家终岁逸乐，不营一业，而食必珍羞，衣必锦绣，酣豢[16]高眠，一呼百诺，此天下最不平之事，鬼神所不许也，其能久乎？

古之圣君贤相，若汤之昧旦丕显[17]，文王日昃不遑[18]，周公夜以继日、坐以待旦，盖无时不以勤劳自勉。《无逸》一篇，推之于勤则寿考，逸则夭亡，历历不爽。为一身计，则必操习技艺，磨炼筋骨，困知勉行，操心危虑，而后可以增智慧而长才识；为天下计，则必己饥、己溺，一夫不获，引为余辜。大禹之周乘四载，过门不入，墨子之摩顶放踵，以利天下，皆极俭以奉身，而极勤以救民。故荀子好称大禹、墨翟之行，以其勤劳也。

军兴以来，每见人有一材一技、能耐艰苦者，无不见用于人，见称于时。其绝无材技、不惯作劳者，皆唾弃于时，饥冻就毙。故勤则寿，逸则夭；勤则有材而见用，逸则无能而见弃；勤则博济斯民而神祇钦仰，逸则无补于人而神鬼不歆[19]。是以君子欲为人神所凭依，莫大于习劳也。

余衰年多病，目疾日深，万难挽回。汝及诸侄辈，身体强壮者少。古之君子，修己治家，必能心安身强而后有振兴之象，必使人悦神钦而后有骈集之祥[20]。今书此四条，老年用自儆惕，以补昔岁之愆[21]。并令二子各自勖勉，每夜以此四条相课，每月终以此四条相稽，仍寄诸侄共守，以期有成焉。

注释

[1] 慎独：指在独处时能谨慎不苟。慎独的思想最早是由庄子阐述，后被儒家发展为一个重要的概念，慎独讲究个人道德水平的修养，看重个人品行的操守，是个人风范的最高境界。

[2] 方寸：指内心。唐刘知几《史通·自叙》："始知流俗之士，难与之言。凡有异同，蓄诸方寸。"有时又称"方寸心"。

[3]《大学》：原是《小戴礼记》第四十二篇，相传为曾子所作，是一部中国古代讨论教育理论的重要著作。经北宋程颢、程颐竭力尊崇，南宋朱熹又作《大学章句》，最终和《中庸》《论语》《孟子》并称"四书"。

[4] 自反而缩：《孟子·公孙丑上》："曾子谓子囊曰：'子好勇乎？吾尝闻大勇于夫子矣。自反而不缩，虽褐宽博，吾不惴焉；自反而缩，虽千万人，吾往矣。'"反，检点。缩，正确，合理。

[5] 仰不愧、俯不怍（zuò）：意为，无论抬头还是低头，都没有做过愧对良心的事。形容光明正大，问心无愧。愧、怍，都指惭愧。

[6] 馁：没有勇气。

[7] 出门如见大宾：语出《论语·颜渊》："出门如见大宾，使民如承大祭。己所不欲，勿施于人。在邦无怨，在家无怨。"

[8] 四灵：《礼记·礼运》："何谓四灵？麟、凤、龟、龙，谓之四灵。"

[9] 求仁：《论语·述而》："求仁而得仁，又何怨？"

[10] 得天地之理以成性：《朱文公文集》卷五十八《答黄道夫书》："天地之间，有理有气。理也者，形而上之道也，生物之本也；气也者，形而下之器也，生物之具也。是以人物之生，必禀此理，然后有性；必禀此气，然后有形。其性其形，虽不外乎一身，然其道器之间，分际甚明，不可乱也。"

[11] 拯民溺：指解救危难中的百姓。《孟子·离娄下》：“禹、稷、颜回同道。禹思天下有溺者，由己溺之也；稷思天下有饥者，由己饥之也。是以如是其急也。”

[12] 庶汇：庶类，万类，万物。

[13] 四达不悖：《礼记·乐记》：“礼乐刑政，四达而不悖，则王道备矣。”悖，逆，违背。

[14]《西铭》：为宋代理学家张载《正蒙·乾称篇》中的一部分，他曾将其录于学堂双牖的右侧，题为《订顽》，后程颐将《订顽》改称为《西铭》，才有此独立之篇名。

[15] 韪（wěi）：赞赏，认可。《左传·昭公二十年》：“仲尼曰：‘守道不如守官，君子韪之。’”

[16] 酣豢（huàn）：本意为沉醉于某种情境，此指睡得很舒适。

[17] 昧旦丕显：天不亮就起床，思考如何光大自己的德业。形容为政勤劳辛苦。《尚书·太甲上》：“先王昧爽，丕显，坐以待旦。”昧旦，天色未亮时。丕显，显扬，光大。

[18] 日昃（zè）不遑：此指太阳偏西了还顾不得吃饭。语出《尚书·无逸》：“文王卑服，……自朝至于日中昃，不遑暇食，用咸和万民。”日昃，太阳偏西。不遑，表示没有时间，来不及。

[19] 歆（xīn）：古指祭祀时鬼神享受祭品的香气。

[20] 骈集之祥：福祉接连不断地到来。

[21] 愆：罪过，过失。

恒产琐言

张英

导读

《恒产琐言》是张英《聪训斋语》外的又一篇家训。在《聪训斋语》中，作者曾以“守田者不饥”作为立训的四句话之一，本文主要提示介绍了“守田之法”。张英从孟子的“有恒产者有恒心”立论，认为世间真正的“恒产”只在土地，表现出鲜明的重农思想。文中分析了“鬻产之根”在于因用度不经而造成的“债负”。指出“量扩为出”是居家“不致狼狈”的方法，认为“欲保产，当使尽地利”，“尽地利之道”一是择“良佃”，才能“耕种及时”“培壅有力”“蓄泄有方”；一是“兴水利”，因为“禾苗在田，水以为命”。作者嘱咐子弟春秋两季“深入茅檐，一坐一饭一宿”，亲身体验农事之苦，并分析了乡居与城居的利弊，以“乡城耕读，相为循环”为乐事。作者还以自己“少年所身历”的教训戒示子弟，读来更觉真实、亲切。不过，文中因重农而产生的抑商贾、轻贸易的思想有比较明显的时代局限。

作者简介

张英（1637—1708），字敦复，号乐圃，安徽桐城人。清代名相张廷玉的父亲。康熙六年（1667）进士，为内弘文翰林院庶吉士，后官至文华殿大学士，兼礼部尚书，先后充任纂修《国史》《一统志》《渊鉴类函》《政治典训》《平定朔漠方略》总裁官。康熙四十年（1701），张英以衰病乞请休致，被允准以原官致仕。康熙四十七年（1708），张英在家中病逝，享年72岁。谥号“文瑞”，入祀贤良祠。

三代而上[1]，田以井授[2]，民二十受田，六十归田，尺寸之地，皆国家所有，民间不得而私之。至秦以后，废井田，开阡陌[3]，百姓始得私相买卖。然则三代以上，虽至贵巨富，求数百亩之田贻[4]子及孙不可得也。后世既得而买之矣，以乾坤之大块、国家之版图，听人画界分疆、立书契、评价值而鬻[5]之，县官虽有易姓改氏，而田主自若。董江都[6]诸人亦愤贫者无立锥之地，而富者田连阡陌，欲行限民名田之法，立为节制，而不果行[7]。其乃祖乃父，以一朝之力，而竟奄有之[8]，使后人食土之毛[9]，善守而不轻弃，则子孙百世，苟不至经变乱，亦断不能为他人之所有。呜呼，深念及此，其可不思所以保之哉！

人家子弟，从小便读《孟子》，每习焉而不察[10]。夫孟子以王佐之才，说齐宣、梁惠，议论阔大，志趣高远，然言病虽多端，用药止一味，曰“有恒产者有恒心”[11]而已，曰“五亩之宅”、“百亩之田”[12]而已，曰“富岁子弟多赖”[13]而已，重见叠出。一部《孟子》，实落处不过此数条，而终之曰："诸侯之宝三：土地、人民、政事。"又尝读苏长公[14]集，其天才横轶[15]，古今无俦匹[16]，宜若不屑屑生计[17]者，游金山之诗曰"有田不去如江水"，游焦山之诗曰"无田不去宁非贪"，其《题王晋卿烟江叠嶂图》诗亦曰："不知人间何处有此境，径欲往买二顷田。"可知此老胸中，时时有此一段经画[18]。生平欲买阳羡[19]之田，至老而其愿不偿。今人动言才子、名士、伟丈夫，不事家人生产，究至谋生无策，犯孟子之戒而不悔，岂不深可痛惜哉！

注释

[1] 三代而上：指夏、商、周及更远的年代。

[2] 田以井授：指井田制，周代的土地制度，以方里划分为九个区域，形如井字，中间区域为公田，外围八个区域为私田。

[3] 开阡陌：指秦国商鞅变法，将周代的井田制改变为土地私人所有制。阡陌，本指田间纵横交错的土埂。

[4] 贻：赠给，遗留。

[5] 鬻：卖。

[6] 董江都：西汉大儒董仲舒，曾任江都相。

[7] 不果行：最终没有得到实行。

[8] 竟奄有之：最终拥有土地。

[9] 毛：指草或谷物，此处指农作物。

[10] 习焉而不察：十分熟悉，但却不了解。

[11] 有恒产者有恒心：语出《孟子·滕文公上》。恒产，不动产。恒心，道德之心。

[12] “五亩之宅”、“百亩之田”：语出《孟子·梁惠王上》。

[13] 富岁子弟多赖：语出《孟子·告子上》。赖，凭借。

[14] 苏长公：苏轼。

[15] 横轶：纵横宏阔。

[16] 俦匹：相比。

[17] 宜若不屑屑生计：表面看似乎苏轼不介意生计之事。

[18] 经画：谋划。

[19] 阳羡：宜兴，今江苏宜兴。

天下之物，有新则必有故，屋久而颓，衣久而敝，臧获[1]、牛马，服役久而老且死。当其始重价以购，越十年而其物非故矣，再越十年而化为乌有矣。独田之为物，虽百年、千年而常新。即或农力不勤，土敝产薄，一经粪溉则新矣；即或荒芜草宅，一经垦辟则新矣。多兴陂池[2]，则枯者可以使之润；勤媷荼蓼[3]，则瘠者可以使之肥。亘古及今，无有朽蠹颓坏之虑，逃亡耗缺之忧，呜呼，是洵[4]可宝也哉！吾友陆子名遇霖，字洵若，浙江人，今为归德别驾[5]。其人通晓事务，以经济[6]自许，在京师日，常与之过从。一日从容谈及谋生毕竟以何者为胜，陆子思之良久，曰：“予阅世故多矣，典质贸易权子母断无久而不弊之理[7]，始虽乍获厚利，终必化为子虚。惟田产、房屋二者可持以久远，以二者较之，房舍又不如田产，何以言之？房产乃向人索租钱，每至岁暮，必有干仆[8]盛衣帽着靴，喧哗叫号以取之，不偿则愬[9]于官长。每至争讼雀角[10]，甚有以奋斗窘逼而别生祸殃者，稍懦焉则又不可得矣。至田租则不然，子孙虽为齐民[11]，极单寒懦弱，其仆不过青鞋布袜，手持雨伞，诣佃人[12]之门，而人不敢藐视之，秋谷登场，必先完田主之租，而后分给私债。取其所本有，而非索取其所无，与者受者，皆可不劳。且力田皆愿民，与市廛商贾之狡健者不同。以此思之，房产殆[13]不如也。”予至今有味乎陆子之言。

注释

[1] 臧获：指奴婢。

[2] 陂（bēi）池：池塘。

[3] 勤媷（hāo）荼寥：拔出田里的杂草。

[4] 洵（xún）：诚实，实在。

[5] 归德：清代地名，今河南商丘一代。别驾：汉置，为州刺史的佐官。因其地位较高，出巡时不与刺史同车，别乘一车，故名。清代没有别驾的官职，此处为对其尊称。

[6] 经济：经邦济世。

[7] 典质：典押，以物为抵押换钱，可以限期赎回。权子母：《国语·周语下》：“于是乎有子权母而行，小大利之。”指以借贷生意。

[8] 干仆：有能力的仆役。

[9] 愬（sù）：通“诉”，诉讼。

[10] 争讼雀角：争吵、诉讼。

[11] 齐民：平民。

[12] 佃人：指承租土地之人。

[13] 殆：大概。

尝读《雅》《颂》之诗，而叹古人之于先畴[1]如此其重也，《楚茨》《大田》之诗，皆公卿有田禄者。周有世卿[2]，其祖若父之采地，传诸后人，故云“曾孙”。今观其言曰“我疆我理”，曰“我田既臧”，曰“我黎我稷”、“我仓我庾”。农夫爱其曾孙，则曰“曾孙不怒”；曾孙爱其农夫，则曰“农夫之庆”。以至攘馌者[3]之食，而尝其旨否[4]；剥疆埸之瓜，而献之皇祖。何其民风淳朴，上下相亲如此！不止家给人足，无分外之谋；而且流风余韵，有为善之乐。后人有祖父遗产，正可循陇观稼[5]，策蹇课耕[6]，雅颂之景，如在眼前，而乃视为鄙事，不一留意，抑独何哉？

注释

[1] 先畴：先人的土地。

[2] 世卿：可以传承的官位及附属田产。

[3] 攘馌（yè）者：为田间劳作的送饭人。

[4] 尝其旨否：品尝饭菜的味道。

[5] 循陇观稼：沿着田垄察看农田。

[6] 策蹇课耕：督促劳作。

今人家子弟，鲜衣怒马[1]，恒舞酣歌[2]。一裘之费[3]，动至数十金；一席之费，动至数金。不思吾乡十余年来谷贱，竭[4]十余石谷，不足供一筵；竭百余石谷，不足供一衣。安知农家作苦，终年沾体涂足，岂易得此百石？况且水旱不时，一年收获不能保诸来年，闻陕西岁饥，一石价至六七两。今以如玉如珠之物，而贱价粜[5]之，以供一裘一席之费，岂不深可惧哉？古人有言："惟土物爱厥心臧[6]。"故子弟不可不令其目击田家之苦，开仓粜谷时，当令其持筹[7]。以壮夫之力，不过担一石，四五壮夫之所担，仅得价一两，随手花费，了不见其形迹，而已仓庾[8]空竭矣，便稍有知觉，当不忍于浪掷。奈何深居简出，但知饱食暖衣，绝不念物力之可惜，而泥沙委之[9]哉！

注释

[1] 鲜衣怒马：鲜艳的服装，膘壮的烈马。

[2] 恒舞酣歌：沉溺于歌舞酒乐。

[3] 一裘之费：皮衣的费用。

[4] 竭：尽用。

[5] 粜（tiào）：卖出粮食。

[6] 惟土物爱厥心臧：语出《尚书·酒诰》，意为凡是土地所生之物，皆爱惜，这样的人是有德行的人。

[7] 持筹：手持算盘。

[8] 仓庾：贮藏粮食的仓库。

[9] 泥沙委之：像抛弃泥沙一样花费金钱。委，抛弃。

天下货才[1]所积，则时时有水火、盗贼之忧，至珍异之物，尤易招尤速祸[2]。草野之人，有十金之积，则不能高枕而卧，独有田产，不忧水火，不忧盗贼。虽有强暴之人，不能竟夺尺寸；虽有万钧[3]之力，亦不能负之而趋。千顷万顷，可以值万金之产，不劳一人守护。即有兵燹[4]离乱，背井去乡，事定归来，室庐畜聚，一无可问，独此一块土，张姓者仍属张，李姓者仍属李，芟[5]夷垦辟，仍为殷实之家。呜呼，举天下之物，不足较其坚固，其可不思所以保之哉！

注释

[1] 才：通“财”。

[2] 招尤速祸：招致怨恨和祸患。

[3] 钧：古代计量单位，三十斤为一钧。

[4] 燹（xiǎn）：野火，多指兵乱中纵火焚烧。

[5] 芟（shān）：割草，除草。

予与四方之人，从容闲谈，则必询其地土物产之所出，以及田里之事，大约田产出息[1]最微，较之商贾，不及三四。天下惟山右、新安人[2]善于贸易，彼性至悭啬[3]，能坚守，他处人断断不能，然亦有多覆蹶之事[4]。若田产之息，月计不足，岁计有余；岁计不足，世计有余。尝见人家子弟，厌田产之生息微而缓，羡贸易之生息速而饶，至鬻产[5]以从事，断未有不全军尽没者，余身试如此，千百不爽一，无论愚弱者不能行，即聪明强干者亦行之而必败，人家子弟万万不可错此着也[6]。

注释

[1] 出息：产生利息。

[2] 山右、新安人：清代山西、安徽之人，指晋商和徽商。

[3] 悭啬：吝啬刻薄。

[4] 覆蹶之事：挫败，失败。

[5] 鬻产：出卖土地和田产。

[6] 错：通“措”，采取。着：招的意思，指招数。

人思取财于人，不若取财于天地。余见放债收息以及典质人之田产者，三年五年，得其息如其所出之数，其人则哓哓[1]有词矣，不然则怨于心，德于色[2]，浸假[3]而并没其本。间有酷贫之士，得数十金可暂行于一时，稍裕则不能矣。惟地德则不然，薄植之而薄收，厚培之而厚报；或四季而三收，或一岁而再种。中田以种稻、麦，旁畦余陇以植麻菽、衣棉之类，有尺寸之壤，则必有锱铢之入[4]，故曰“地不爱宝”，此言最有味。始而养其祖父，既而养其子孙；无德色，无倦容；无竭欢尽忠之怨，有日新月盛之美；受之者无愧怍[5]，享之者无他虞[6]。虽多方以取而无罔利[7]之咎，上可以告天地，幽可以对鬼神；不劳心计，不受人忌疾。呜呼，天下更有物焉能与之比长絜短[8]者哉！

注释

[1] 哓哓（xiāo）：乱嚷乱叫。

[2] 德于色：对人有恩而形于色。

[3] 浸假：逐渐。

[4] 必有锱铢之入：也有微量收入。

[5] 愧怍（zuò）：惭愧。

[6] 虞：忧虑。

[7] 罔利：谋取不正当利益。

[8] 比长絜（xié）短：比较长短优劣。絜，衡量。

余既言田产之不可鬻，而世之鬻产者比比而然，聪明者亦多为之，其根源则必在乎债负。债负之来，由于用度不经[1]，不知量入为出，至举息既多，计无所出，不得不鬻累世之产。故不经者，债负之由也；债负者，鬻产之由也；鬻产者，饥寒之由也。欲除鬻产之根，则断自经费始。居家简要可久之道，则有陆梭山[2]量入为出之法，在其法，合计一岁之所入，除完给公家而外，分为三分：留一分为歉年不收之用；其二分，分为十二分，一月用一分。若岁常丰收，则是古人耕三余一之法。值一岁歉，则以一岁所留补给；连岁歉，则以积年所留补给，如此始无举债之事。若一岁所入，止给一岁之用，一遇水旱，则产不可保矣。此最目前可见之理，而人不知察。陆梭山之法最详，即百金之产，亦行此法。使必富饶而后可行，则大误矣。且其法于十二分，又分三十小分，余恐其大烦，故止作十二分。要知古人之意，全在小处节俭：大处之不足，由于小处不谨；月计之不足，由于每日之用过也。若能从梭山每月三十分之，更为稳实。一月之中，饮食应酬宴会，稍可节者节之，以此一月之所余，另置一封，以周贫乏亲戚些小之急，更觉心安意适。此专言费用不经、举债而鬻产之由，此外则有赌博、狭邪[3]、侈靡，其为败坏者无论矣，更有因婚嫁而鬻产者，绝为可哂[4]。夫有男女，则必有婚嫁，只当以丰年之所积，量力治装[5]，奈何鬻累世仰事俯育[6]之具，以图一时之华美？岂既婚嫁后，遂可不食而饱，不衣而温乎？呜呼，亦愚之甚矣！

注释

[1] 不经：不得其法。

[2] 陆梭山：陆九韶，南宋理学家、思想家。

[3] 狭邪：小街曲巷，指和娼妓、伶人厮混。

[4] 可哂：可笑。

[5] 治装：置办嫁妆。

[6] 仰事俯育：赡养父母妻子，维系全家人的生活。

吾既言产之断不可鬻，虽然，鬻产之家岂得已哉！其平时费用不经，以致举债而鬻产，吾既详言之矣。处承平之日，行量入为出之法，自不致狼狈困顿[1]而为此。独是一遇兵燹[2]，则必有水旱，水旱则必逃亡，逃亡则田必荒芜，荒芜则谷入必少，此时赋税必多而且急，数端相因而至[3]，乃必然之理。有田之家，其为苦累较常人更甚，此时轻弃贱鬻，以图免追呼[4]，实必至之势也。然天下乱离日少，太平日多，及至平定，而产业既鬻于人，向时[5]富厚之子，今无立锥矣。此时当大有忍力，咬定牙根，平时少有积蓄，或鬻衣服，或鬻簪珥[6]，或鬻臧获，借以完粮[7]；打叠精神[8]，招佃辟垦[9]，乘间投隙[10]，收取些须，以救旦夕；谷食不足，充以糟糠[11]，凡百费用，尽从吝啬[12]，千辛万苦，以保守先业。大约不过一二年，过此凶险，仍可耕耘收获，不失为殷厚之家，此亦予所目击者。譬如熬过隆冬冱寒[13]，春明一到，仍是柳暗花明矣。此际全看力量，更有心计之人，于此时收买贱产，其益宏多，吾乡草野起家之人，多行此法。

注释

[1] 狼狈困顿：贫困窘迫。

[2] 兵燹：兵荒战乱。

[3] 相因而至：接二连三地到来。

[4] 追呼：官府催缴田租赋役。

[5] 向时：从前。

[6] 簪珥（zān ěr）：发簪和耳环。

[7] 完粮：交纳完租税。

[8] 打叠精神：振作精神。

[9] 招佃辟垦：招募佃人开垦土地。

[10] 乘间投隙：利用机会。

[11] 糟糠：穷人用来充饥的酒渣、米糠等粗劣食物。

[12] 吝啬：节约使用。

[13] 冱（hù）寒：寒冷。

吾既极言产之不可鬻矣，虽然，守之有道，不可不讲。不善经理[1]，付之僮仆之手，任其耗蠹[2]，积日累月，沃者变而为瘠，润者化而为枯，稍瘠者化而为石田[3]。田瘠而亩不减，人少而赋不轻，平时仅可支持，一遇水旱，催科而立槁[4]矣。是田本为养生之物，变而为累身之物，且将追怨祖、父，留此累物[5]以贻子孙，予见此亦不少矣。然则如之何而可哉？欲无鬻产，当思保产；欲保产，当使尽地利。尽地利之道有二：一在择庄佃，一在兴水利。谚曰“良田不如良佃”，此最确论。主人虽有气力、心计，佃惰且劣，则田日坏。譬如父母虽爱婴儿，却付之悍婢之手[6]，岂能知其疾苦乎？良佃之益有三：一在耕种及时，一在培壅[7]有力，一在蓄泄[8]有方。古人言“农最重时”，早犁一月有一月之益，故冬最良，春次之；早种一日有一日之益，故晚禾必在秋前一日。至培壅，则古人所云“百亩之粪”，又云“凶年粪其田[9]而不足”，《诗》云：“荼蓼朽止，黍稷茂止[10]。”用力如此，一亩可得两亩之入，地不加广，亩不加增，佃有余而主人亦利矣。蓄水用水，最有缓急先后，当救[11]则救，当待则待，当弃则弃，惟有良农、老农知之。劣农之病有三：一在耕稼失时，一在培壅无力，一在蓄泄无方。若遇丰稔[12]之年，雨泽应时而降，惰农、劣农亦鲁莽收获，隐藏其害而不觉，一遇旱干，则彼之优劣立见矣。凶年主人得一石，可值两石，而受此劣佃之害，悔何及哉！

注释

[1] 经理：经营田产。

[2] 耗蠹：消耗损失。

[3] 石田：田力已经衰竭的土地。

[4] 催科而立槁：因被催缴租税而致无法维持生计。

[5] 累物：累赘烦心之物。

[6] 悍婢之手：泼悍的奴婢。

[7] 培壅（yōng）：养护农作物。

[8] 蓄泄：灌溉。

[9] 粪其田：给田地施肥。

[10] 荼蓼朽止，黍稷茂止：语出《诗经·良耜》。荼蓼，指田间杂草。

[11] 救：指用水救苗。

[12] 丰稔（rěn）：庄稼成熟，丰收。

人家僮仆管庄务，每喜劣佃而不喜良佃：良佃则家必殷实有体面，而不肯谄媚人，且性必梗直朴野，饮食必节俭，又不听僮仆之指使；

劣佃则必惰而且穷，谄媚僮仆，听其指使，以任其饕餮[1]，种种情状不同，此所以性喜劣佃而不喜良佃。至主人之田畴美恶，彼皆不顾，且又甚乐于水旱，则租不能足额，而可以任其高下，此积弊陋习安可不知？且良佃所居，则屋宇整齐，场圃[2]茂盛，树木葱郁，此皆主人、僮仆力之所不能及，而良佃自为之，劣佃则件件反是，此择庄佃为第一要务也。禾在田中，以水为命，谚云“肥田不敌瘦水”，虽有膏腴[3]，若水泽不足，则亦等石田矣。江南有塘有堰，古人开一亩之田，则必有一亩之水以济之。后人狃[4]于多雨之年，塘堰[5]都不修治，堰则破坏不蓄水，塘则浅且漏不容水。每岁方春时，必有洪水数次，任其横流而不收，入夏亢旱，束手无策，仰天长叹而已。人家僮仆管理庄事，以兴塘几石、修屋几石为开帐时浮图合尖之具而已[6]，何尝有寸土一锸[7]及于塘堰乎？夫塘宜深且坚固，余曾过江宁[8]南乡，其田最号沃壤，其塘甚小，不及半亩，询之土人，知其深且陡，有及二丈者，故可以溉十数亩之田而不匮[9]。吾乡塘最多，且大有数亩者，有十数亩者，然浅且漏，大雨后亦不满，稍旱则露底，田待此为命，其何益之有哉！向后兴塘筑堰，必躬自阅视，若有雨之年，塘犹不满，其为渗漏可知，急加培筑。大抵劣农之性惰而见识浅陋，每侥幸于岁多雨而不为预备。僮仆既以此开入花帐[10]，又不便向主人再说。一遇亢旱，田禾立槁；日积月累，田瘠庄敝；租入日少，势必鬻变。此兴水利为第一要务也。若不知务此，而止云保守前业，势岂能由己哉？

注释

[1] 饕餮（tāo tiè）：比喻贪婪、残忍。

[2] 场圃：场地和园圃，指庭院。

[3] 膏腴（gāo yú）：肥沃。

[4] 狃（niǔ）：因袭，拘泥。

[5] 堰（yàn）：挡水的堤坝。

[6] 开帐：支付账款。帐，通“账”。浮图合尖：造佛塔最后一步是为塔顶合尖，比喻任务之最后一道工序。

[7] 锸：锹。

[8] 江宁：南京。

[9] 匮：缺乏。

[10] 花帐：虚报的账目。

予置田千余亩，皆苦瘠[1]，非予好瘠田也，不能多办价值，故宁就瘠田；其膏腴沃壤，则大有力者[2]为之，余不能也。然细思膏腴之价数倍于瘠田，遇水旱之时，膏腴亦未尝不减；若丰稔之年，瘠土亦收，而租倍于膏腴矣。膏腴之所以胜者，鬻时可以得善价[3]，平时度日，同此稻谷一石耳，无大差别。且腴田不善经理，不数年变而为中田，又数年变而为下田矣；瘠田若善经理，则下田可使之为中田，中田可使之为上田，虽不能大变，能高一等，故但视后人之能保与不能保，不在田之瘠与不瘠。况名庄胜业，易为势力家所垂涎[4]，子弟鬻田，必先鬻善者。予家祖居田甚瘠，在当时兴作尽善，故称沃壤，四世祖东川公[5]卒时，嘱后人葬于宅之左，曰："恐为势家所夺。"由此观之，当时何尝非善地，今始成瘠壤耳，惟视人之经理不经理也。尝见荒瘠之地，见一二土著老农之家，则田畴开辟，陂池修治，禾稼茂郁[6]，庐舍完好，竹木周布，居然一佳产；其仕宦之田，则荒败不可观而已。汝侪[7]试留心察之。

注释

[1] 苦瘠：指土壤贫瘠。

[2] 大有力者：有权势之人。

[3] 善价：好价钱。

[4] 垂涎：极其想要得到。

[5] 四世祖东川公：指张鹏，号东川。张英家之祖先。

[6] 禾稼茂郁：庄稼茂盛。

[7] 汝侪：你们，指家中子侄。

人家子弟，每年春秋，当自往庄细看，平时无事，亦可策蹇[1]一往。然徒往无益也：第一，当知田界。田界不易识也，令老农指视，一次不能记而再三，大约五六次便熟。有疑处便问之，勿以曾经问过而嫌于再问，恐被人讥笑，则终身不知矣。第二，当察农夫用力之勤惰、耕种之早晚、蓄积之厚薄、人畜之多寡、用度之奢俭，善治田以为优劣。第三，当细看塘堰之坚窳[2]浅深，以为兴作。第四，察山林树木之耗长。第五，访稻谷时值之高下，期于真知确见。若听僮仆之言，深入茅檐，一坐一饭一宿，目不见田畴，足不履阡陌，僮仆纠诸佃人环绕喧哗，或借种稻，或借食租，或称塘漏，或称屋倾，以此恫喝主人。主人为其所窘，去之为恐不速，问其疆界则不知，问其孰勤孰惰则不知，问其林木则不知，问其价值则不知。及入城遇朋友，则彼揖之曰："履亩归矣[3]。"此笑之曰："循行阡陌回矣。"主人方自谓："吾从村庄来，劳苦劳苦！"呜呼，何益之有哉！此予少年所身历者，至今悔之。大约人家子弟，最不当以经理田产为俗事、鄙事[4]而避此名，亦不当以为故事[5]而袭此名。细思此等事，较之持钵求人[6]、奔走嗫嚅[7]，孰[8]得孰失、孰贵孰贱哉？

注释

[1] 策蹇：乘跛足之驴。

[2] 窳（yǔ）：恶劣，坏。

[3] 履亩归矣：检查田地庄产而归。

[4] 俗事、鄙事：低下的事务。

[5] 故事：先例。

[6] 持钵求人：拿着钵向人乞食。

[7] 嗫嚅（niè rú）：想说而又吞吞吐吐的样子。

[8] 孰：哪一个。

人家“富贵”二字，暂时之荣宠耳；所恃以长子孙者，毕竟是“耕读”两字。子弟有二三千金之产[1]，方能城居，何则？二三千金之产，丰年有百余金之入。自薪炭、蔬菜、鸡豚、鱼虾、醯醢[2]之属，亲戚人情、应酬宴会之事，种种皆取办于钱。丰年则谷贱，歉年谷亦不昂，仅可支吾[3]，或能不至狼狈。若千金以下之业，则断不能城居矣，何则？居乡则可以课耕数亩，其租倍入，可以供八口。鸡豚蓄之于栅，蔬菜蓄之于圃，鱼虾蓄之于泽，薪炭取之于山，可以经旬屡月不用数钱。且乡居则亲戚应酬寡，即偶有客至，亦不过具鸡黍[4]。女子力作，可以治纺绩[5]，衣布衣，策蹇驴，不必鲜华。凡此皆城居之所不能，且耕且读，延师训子[6]，亦甚简静，囊无余蓄，何致为盗贼所窥？吾家湖上翁[7]子弟，甚得此趣，其所贻不厚，其所度日皆较之城中数千金之产者更为丰腴。且山水间优游俯仰，复有自得之乐，而无窘迫之忧，人苦不深察耳。果其读书有成，策名仕宦[8]，可以城居，则再入城居；一二世而后，宜于乡居，则再往乡居。乡城耕读，相为循环，可久可大，岂非吉祥善事哉！况且世家之产，在城不过取额租，其山林湖泊之利，所遗[9]甚多，此亦势不能兼；若贫而乡居，尚有遗利可收，不止田租而已。此又不可不知也。

注释

[1] 千金之产：殷实的家业。

[2] 醯醢（xī hǎi）：用鱼肉等做成的酱。因调制肉酱必用盐醋等作料，故称。

[3] 支吾：支付，应付。

[4] 具鸡黍：准备饭菜。

[5] 纺绩：做织布之事。

[6] 延师训子：请老师训导子女。

[7] 湖上翁：张载，因其隐居湖旁，故称。

[8] 策名仕宦：因科举及第而做官。

[9] 遗：留下，未尽。

予仕宦人[1]也，止宜知仕宦之事，安能知农田之事？但余与四方英俊交且久，阅历世故多，五十年来，见人家子弟成败者不少，鬻田而穷，保田而裕，千人一辙，此予所以谆谆苦口为汝辈陈说。先大夫戊子年析产[2]，予得三百五十余亩；后甲辰年再析，予一百五十余亩。予戊戌年初析爨[3]，始管庄事，是时吾里田产正当极贱之时，人问曰："汝父析产有银乎？"予对曰："但有田耳。"问者索然[4]。予时亦曰："田非不佳，但苦急切难售耳。"及丁未后，予以公车有称贷[5]，遂卖甲辰年所析百五十亩。予四十以前，全不知田之可贵，故轻弃如此；后以予在仕宦，又不便向人赎取。至今始悟析产正妙在无银：若初年宽裕，性既习惯，一二年后，所分既尽，怅怅然失其所恃矣。田之妙，正妙在急切难售，若容易售，则脱手甚轻矣。此予晚年之见，与少年时绝不相同者也。是皆予三折肱[6]之言，其思之勿忽。

注释

[1] 仕宦人：做官的人。

[2] 先大夫：指先父。析产：指分割财产。

[3] 析爨（cuàn）：分立炉灶。指分割家产。

[4] 索然：离散零落；无兴致。

[5] 以公车有称贷：因为参加科举考试而借贷钱款。

[6] 三折肱：语出《左传·定公十三年》。形容多次折断手臂，就知道医生医治手臂的疗法。比喻对某事阅历多而富有经验。

德星堂家订

许汝霖

导读

《德星堂家订》写于康熙五十年（1711）五月，许汝霖退休回乡途中，念及当下的家族、社会“人情不古，竞纷华于日用，动辄逾闲”“事多违礼”，实是应该撰写一部典章仪礼方面的文章以救世风。该书共分为“宴会”“衣服”“嫁娶”“凶丧”“安葬”“祭祀”六篇。许汝霖针对当时浮华奢靡的社会风气，提出了以节俭淳厚为本的治家原则。在“宴会”篇中，许汝霖批评了当时“风俗日漓，而奢侈倍甚”的不良风气。在“衣服”篇中，作者批评了当时社会上流行的“居官者章身不惜夫重价；服贾者，耀富亦羡乎轻裘”的追赶时髦、攀比炫耀的陋俗。在“嫁娶”篇中，作者针对当时“不问门楣，专求贵显”“女家未嫁之先，徒争贿币；男家既娶之后又责妆奁”的陋俗，进行批评，并要求子弟严守勤俭之风。在“安葬”篇中，作者针对当时社会“惑于术家者，妄求富贵，借前人已朽之骨殖，图后人未卜之显荣”的迷信风水、拖延下葬日期的旧俗，指出：“凡为子者，当知暴棺非孝，入土为安。”并对堪舆风水之类的迷信活动进行了严厉的批判。但在晚明以来形成的奢靡风气下，此书所倡导的俭约家风一开始并未被人们所理解，后来随着时间的推移，接受的人才越来越多，正如许汝霖所言：“以上六则系康熙五十年（1711）归途时所订，年来里居准此行事，初焉豪家世族莫不非笑，久而安之，近且率多从者。异日家遵户守，变浇俗为淳庞，是所望于当代诸君子。”

作者简介

许汝霖（？—1720），清朝官吏，学者。字时庵，浙江海宁人，康熙二十一年（1682）进士，官至礼部尚书。后辞官回乡读书课徒而终。他品行高洁，颇受时人称誉。工于诗文。著有《德星堂文集》等。

序篇

窃闻学贵治生[1]，谊先敦本[2]，维风厉行[3]，宁俭毋奢。方今物力惟艰，人情不古，竞纷华[4]于日用，动辄逾闲[5]，勉追报[6]于所生，事多违礼，习而不返，长此安穷[7]？不揣迂疏，谬抒臆见[8]，黜浮崇雅[9]，敢云率俗于淳庞[10]；慎始虑终，聊欲饬躬于轨物。爰陈数则，用质同心[11]。

注释

[1] 治生：营家业，谋生计。

[2] 敦（dūn）本：注重根本。

[3] 维风厉行：维护良好的社会风气要雷厉风行。

[4] 纷华：繁华，富丽。

[5] 逾闲：亦作“踰闲”。越出法度。

[6] 追报：谓答复死者。

[7] 安穷：安于穷困。

[8] 不揣迂疏，谬抒臆见：不分析考虑自己想法的迂腐粗疏，妄自发表自己的主观意见，此处表示谦逊。臆见，个人的私见，主观的看法。

[9] 黜浮崇雅：指在文风上崇尚雅正，摈弃浮华。语出《新唐书·文艺传》：“玄宗好经术，群臣稍厌雕琢，索理致，崇雅黜浮，气益雄浑。”

[10] 敢云率俗于淳庞：敢于在众贤面前说出平庸的观点。率俗，谓对某种社会风气加以引导提倡。淳庞，淳厚。

[11] 聊欲饬躬于轨物。爰陈数则，用质同心：姑且想要在道德规范和礼节方面修治自身。于是陈述这些，希望与志同道合者一起探讨。饬躬，正己，正身。轨物，轨范，准则。爰，于是。

一　宴会

酒以合欢，岂容乱德？燕以洽礼，宁事浮文[1]。乃风俗日漓[2]，而奢侈倍甚，簋则大缶旧瓷，务矜富丽[3]；菜则山珍海错[4]，更极新奇。一席之设，产费中人[5]，竟日之需，瓶罄半载[6]，不惟暴殄，兼至伤残。尝与诸同事公订，如宴当事，贺新婚，偶然之举，品[7]仍十二。除此以外，俱遵五簋[8]，继以八碟。鱼、肉、鸡、鸭，随地而产者，方列于筵，燕窝、鱼翅之类概从禁绝；桃、李、菱、藕，随时而具者，方陈于席，闽广川黔之味悉在屏除。如此省约，何等便安！若客欲留寓，盘桓数日，午则二簋一汤，夜则三菜斤酒。跟随服役者，酒饭之外，勿烦再犒[9]。

注释

[1] 燕以洽礼，宁事浮文：宴席是用来商讨礼义规范的，难道是供人夸夸其谈的地方吗？燕，同“宴”。浮文，华而不实的文辞。

[2] 漓：浮薄。

[3] 簋（guǐ）则大缶旧瓷，务矜（jīn）富丽：盛酒的器具都是古瓷器，极度追求庄重、豪华、富丽。簋，古代用于盛放煮熟饭食的器皿，也用作礼器，圆口、双耳。矜，端庄，庄重。

[4] 海错：指众多的海鲜、海味。韦应物《长安道》：“山珍海错弃藩篱，烹犊炰羔如折葵。”

[5] 产费中人：耗费中产之家一年的收入。

[6] 竟日之需，瓶罄（qìng）半载：每天都要把大半瓶的酒喝掉。罄，空。

[7] 品：本义为物品，此处指菜品。

[8] 五簋：过去古人曾作《五簋论》一篇，规诫世俗宴会不可太过奢侈，规定菜以五样为度，故曰“五簋”。

[9] 犒：用酒食或财物慰劳。

一　衣服

衣服之章[1]，等威有别，寒暄[2]之节，南北攸殊。然而流风[3]易溺，积习难回，居官者章身[4]不惜夫重价；服贾[5]者，耀富亦羡乎轻裘[6]；朱邸[7]高朋，冠裳济济；青油幕[8]客，裘马翩翩，习以相沿，归而不改。每见贵豪游子，返温和之地，虽暖如寒，致令富厚少年睹灿丽之陈，趋新忘故，金貂玉鼠南服偏多，白狸青猪炎乡不少，偶焉寓目，辄为惊心[9]。亦思仆隶细人[10]，衣踰[11]绅士，优伶贱役，服拟公侯，适滋丑耳[12]，又何慕焉？吾辈既已读书，自当毅然变俗，旧衣楚楚，素履可钦[13]，襆被[14]萧萧，高风足式[15]，传前人之清白，不坠家声；贻后嗣以廉隅[16]，永遵世德。抚躬自较[17]，所得孰多？

注释

[1] 衣服之章：古代将日、月、星辰、龙、蟒、鸟、兽等图案绣于礼服之上，经示等级。古代在服饰上体现的等级一般分为：十二章、九章、七章、五章、三章，都是按官品递降。

[2] 寒暄：冬夏。

[3] 流风：遗风。此指前代遗留下来的风尚与习惯。

[4] 章身：身穿官服的人。

[5] 服贾：从事商业的人。

[6] 轻裘：轻暖的皮衣。

[7] 朱邸：汉诸侯王宅第，以朱红漆门，故称朱邸。

[8] 青油幕：指青油涂饰的帐幕。

[9] 金貂玉鼠……白狸青猞（shē）炎乡不少，偶焉寓目，辄为惊心：金貂玉鼠和白狸青猞做成的服装，在温暖的家乡也不少见。偶尔展现在眼前，总是让人触目惊心。猞，哺乳动物，像狸猫，毛多淡黄色，有黑斑，四肢粗长，能爬树，性凶猛，皮毛很珍贵。

[10] 细人：指见识短浅或地位低下的人。

[11] 踰：超过。

[12] 适滋丑耳：那是在增长丑陋啊！

[13] 楚楚：指鲜明、整洁的样子。素履：常常引申为用朴实无华、清白自守的处事态度面对心中所向往的事物。素，指白色无文彩。履，指鞋。

[14] 襆（fú）被：意思是用包袱把衣服、被子等包起来。襆，指包袱。

[15] 高风足式：高尚的风节足以成楷模。式，榜样，模范。

[16] 廉隅：指棱角，喻为端正的行为、品行。

[17] 抚躬自较：指反躬自己进行比较。

一　嫁娶

伦莫重于婚姻，礼尤严于嫁娶。古人择配，惟卜[1]家声。今则不问门楣[2]，专求贵显，因之真假难究，亦且晤对不伦[3]，妇或反唇，壻且抗色，嫌滋妯娌，衅启弟昆[4]，种种不祥，莫可殚述。若既门户相当，原欲情文式协[5]，而女家未嫁之先徒争贿币；男家既娶之后又责妆奁，彼此相尤，真可浩叹！亦思古垂六礼[6]，文公[7]家训，合而为三，可知事贵适宜，何烦缛节？但求允问名[8]，原无浮费，而请期纳聘，每有繁文。因与一二同志[9]再三酌定：如职居四民[10]，产仅百亩，聘金不过十二，细缎亦止数端，上之六十、八十，量增亦可，下则十金、八金，递减无妨，度力随分，彼此俱安。而亲迎之顷，舟车鼓乐，仪从执事，一切从简，总勿徇时。乃近来妇家，或于扶轮奠雁之外[11]，纵仆拦门，拉壻拜轿，此破落户之陋规，亦乡小人之鄙习，可骇可嗤[12]，亟宜痛戒。若夫女家嫁赠，贫富虽殊，而荆布[13]可风，总宜俭约。纵有厚资，不妨助以田产，资以生息，使为久远之谋。切勿多随臧获，厚饰金珠，徒炫耀于目前，致萧条于日后。至于宗亲世胄，丰俭自有尊裁，赠遗岂敢定限，但求有典有则，可法可传，则所裨于风俗固厚，所贻于儿女亦多矣。不揣葑菲[14]，敢献刍荛[15]。

注释

[1] 卜：指选择。

[2] 门楣：门庭。

[3] 晤对：会面交谈。不伦：指不伦不类，不相当，此处指话不投机。

[4] 嫌滋妯娌，衅启弟昆：妯娌之间嫌隙滋生，兄弟之间出现裂痕。

[5] 原欲情文式协：原想（找的人）表里如一，内外相当。情文，指精神和物质。

[6] 六礼：指中国古代婚姻经过的六道程序。其名目见于《礼记·昏义》，具体内容见于《仪礼·士昏礼》。包括纳采、问名、纳吉、纳征（纳币）、请期、亲迎。

[7] 文公：指朱熹。朱熹（1130—1200），字元晦，号晦庵，谥文，世称朱文公。

[8] 问名：男家请媒人问女方的名字与出生年月日。

[9] 同志：志同道合者。

[10] 四民：士、农、工、商。

[11] 扶轮：怀恩报效之典。奠雁：古代婚礼，新郎到女家迎亲，献雁为贽礼，称“奠雁”。

[12] 可骇可嗤（chī）：既使人惊叹，又使人鄙视。

[13] 荆布：对己妻的谦称。

[14] 葑（fēng）菲：葑、菲都是菜名，葑即芜菁，菲即萝卜；二者的叶、根茎均可食用。后用其表示尚有一德可取的意思。

[15] 刍荛(chú ráo)：指割草打柴的人。认为自己的意见很浅陋的谦虚说法。

一　凶丧

人生大事，惟有送死。终天之痛在顷刻，罔极[1]之恨在千秋，纤悉不周，贻悔何及？故凡父母年踰五十，察其精力稍不同前，则寿器[2]当密为储备。脱或不讳[3]，哀恸[4]固不待言，而附于棺、附于身者，尤当凡事检点，衣衾之属务求完整，金珠之类勿带纤毫，周详无憾，然后盖棺。灰布[5]宜密，油漆须真，经久之计，莫切于此。棺既盖矣，循例成服[6]，男女有别，亲疏有序，哀痛哭泣，宁戚无文。成服之后，始议开丧，或三日，或五日，报知亲友，访确周详，但须素有往来，不可妄邀豪贵。丧期既定，亦勿多请陪客，徒滋浮费，止酌亲族数人，轮流分派，孰主送迎，孰司馈馔[7]。吊唁者，祭无牲牢[8]，幛[9]无绫缎。款待者，飨无腥酒，送无犒程[10]。志在从先，何妨违俗。至于寝苫枕块[11]，禫祥[12]之后，似可从宽。歠粥[13]除荤，精力或衰，亦宜稍酌。表彰功德，则述行状以垂志铭，缅想音容，或侍几筵而庐坟墓[14]，总须核实，勿在徇文。若世俗于殡殓之场，诵经礼忏，哀号之侧，鼓乐张筵，不惟悖礼，实为逆亲，凡有人心，所宜痛禁。而或者借读礼之时，纵翱翔于山水，假谢孝之迹，辄干渎[15]于交游，有靦面目[16]，可不戒哉！

注释

[1] 罔极：旧时用以颂扬父母养育子女的无穷无尽的恩德。罔，无，没有。极，尽头。

[2] 寿器：指生前预制的棺木。

[3] 脱或不讳：倘或死亡。不讳，死亡的婉辞。

[4] 恸（tòng）：极悲哀，大哭。

[5] 灰布：布灰于棺缝。

[6] 成服：指盛服；旧时丧礼大殓之后，亲属按照与死者关系的亲疏穿上不同的丧服，叫“成服”。

[7] 馈馔：进献食物。

[8] 牲牢：牲畜。古代特指供宴飨祭祀用的牛、羊、猪三牲。

[9] 幛：上面题有词句的整幅绸布，用作庆贺或吊唁的礼物。

[10] 犒程：送人，赠物。

[11] 寝苫（shān）枕块：睡在草荐上，头枕着土块。古时宗法所规定的居

父母丧的礼节。苫，草荐。

[12] 禫（dàn）祥：禫祭、祥祭的合称。语出《礼记·杂记下》：“期之丧，十一月而练，十三月而祥，十五月而禫。”

[13] 歠（chuò）粥：喝粥。歠，饮，喝。

[14] 庐坟墓：古人于父母或师长死后，服丧期间在墓旁搭盖小屋居住，守护坟墓。

[15] 干渎：冒犯。

[16] 有靦（tiǎn）面目：使脸面无光。靦面，洗脸。古代春日取花和雪水涤面，谓可使面生华容。

一　安葬

古者，士庶之家[1]踰月而葬。后世王公以下，皆至三月，期何宽也。而惑于术家者，妄求富贵，借前人已朽之骨殖，图后人未卜之显荣，愚已甚矣。又或造年月之利害，判房分之吉凶，长幼猜嫌，牢不可解，代复一代，年又一年，甚有越数世而不获浅土者。生者大厦高堂，死者颓垣败壁，抚衷[2]自问，忍乎不忍？若谓风水可凭，宁迟无害，何以堪舆诸公高谈凿凿[3]，而询厥身家[4]，概都寒陋？且有跋涉一生，饿殍于道路者，岂谋人工而谋已拙耶？噫！亦可悟已。仆少时亦尝取地理诸书考究多年。若必如所云“龙穴砂水，左右印托，十全无碍，方成吉壤”，则数千百年以来，选择殆尽，岂复有留遗隙地，以贻后人者乎？尝观大江以北，古茔累累，附葬者多或百计，少亦数十，问其子孙，虽有贫寒，岂无富贵？原非一坟一冢，始称有吉而无凶也。

故凡为子者，当知暴棺非孝，入土为安，不必远求，但宜预访。或邻近山川，犹有遗穴，或祖宗坟墓，尚可附棺，随分量力，择而取之，审其消纳，定其向背。砖宜坚而灰土宜厚，筑宜固而封树[5]宜周。勒碑附圹[6]，题主归祠[7]，宅兆[8]既安，庆莫大焉。若欲遍觅佳城，广求大地，则汉秦遗寝，草蔓烟荒，唐宋诸陵，狐蹲兔伏，六朝之故冢安存，五季之新阡何在[9]？岂帝王之卜择，返逊能于士庶哉！至于朱母分迁于两地[10]，孔父合葬于一防[11]，取而较之，孰得孰失，虽先儒亦有不足从者矣。

注释

[1] 士庶之家：士人和普通百姓。亦泛指人民、百姓。

[2] 抚衷：扪心自问。

[3] 堪舆：风水学，本为相地之术，即临场校察地理的方法，叫地相，古代称其为勘舆术。凿凿：确切，确实。

[4] 询厥身家：询问他的家世。厥，那个的。

[5] 封树：堆土为坟，植树为饰。

[6] 勒碑附圹：在坟墓的附近立碑刻字。勒碑，往石碑上刻字。圹，墓穴，亦指坟墓。

[7] 题主归祠：旧俗中丧家于丧事中请人把亡者衔名写在神位上，以便入祠供奉。

[8] 宅兆：墓地。

[9] 五季：后梁、后唐、后晋、后汉、后周五代。阡：本指乡村小路，此处

指墓道。

[10] 至于朱母分迁于两地：朱熹之父朱松墓原在福建崇安五夫里西塔山，后迁至寂历山中，其母则葬于建阳崇泰天湖之阳。

[11] 防：防山，一名笔架山，在山东曲阜东。

一 祭祀

古人祭先，士以三鼎，大夫五鼎，等威有辨，非可僭[1]也。但牲牢物产南北异宜，酌而用之。祭菜则羊、豕、鸡、鱼之属，五品[2]为常；果物则枣、栗、桃圆之类，八色为准，随地随时，尽人可办。第所商者，古不祭墓，而近世春秋两祭概在先茔，从之则失礼，违之则不情。斟酌其间，或于春秋祭墓，冬夏祭祠，祭墓则遵时俗之通例，尊卑远近，合九族以共将；祭祠则效考亭[3]之成规，高、曾、祖、亲[4]，分四代而同享，于理于情，庶两无碍。独是坟多族众，值祭维艰，轮流则贫者难支，纠分则吝者多却，经久之法，莫如祭田[5]。但始焉难以创行，久之易以滋弊。今欲创行，务须尊显之人率先倡置。余如入学而登科甲者，因名位以酌捐，务农而业工商者，随资产以量助，或数十亩，或数亩，纵不拘例，务尽厥心。至于五十举子，七旬祝寿，多寡均输[6]，惟力是视。积而充焉，便可以奉祀之所余，济孤寡而助婚丧，扩宗祠而立家塾，不亦善乎？至欲革弊，则管理之人必须公举，富而有守，素行[7]不欺者，责令主之。经理三年，聚众一算，如果无私，不烦更换；或有可疑，再行公保。遵而守之，虽百世可无弊矣。若夫诞辰、忌日，罔极情深，喜事良辰，追先念切，祀我祖考，谁曰不宜？而邪说诬民者，造为七月望日，地狱放归，扫室宇以送迎，附盂兰[8]而超度，诬其祖父，惑厥愚氓[9]，司风化者禁之可不严哉！

康熙五十年辛卯五月，海宁许汝霖谨订。

注释

[1] 僭（jiàn）：超越本分，古代指地位在下的冒用在上的名义或礼仪、器物。

[2] 五品：五牲。古代用作祭品的五种动物，即牛、羊、豕、犬、鸡。

[3] 考亭：朱熹。因朱熹曾在福建建阳考亭讲学，故用以代指。

[4] 高、曾、祖、亲：高祖父生曾祖父，曾祖父生祖父，祖父生父亲，这样一条直系的血脉关系。

[5] 祭田：旧时族田中用于祭祀的土地。

[6] 输：送给，捐献。

[7] 素行：平素的品行。

[8] 盂兰：中元节，俗称鬼节、七月半，佛教称其为盂兰盆节。

[9] 愚氓：愚民，愚昧之人。

谕麟儿

郑板桥

导读

这三封家书，都是郑板桥写给儿子麟儿的。第一封家书中，郑板桥教儿子如何读书作文。信中勉励儿子“苟堪励志勤读，自能循序渐进”，同时训诫儿子，读书“但须看全一种，再易他种，切不可东抓西拉，任意翻阅，徒耗光阴，毫无一得。”第二封信中，郑板桥教导儿子在乡里居住，与同乡同族之人无论有无怨隙都“谨执后辈礼，笑脸向人”，同时勉励儿子“立身处世？古来贤人君子，无与乡党宗族不睦者。小怨不忘，睚眦必报，乃属贱丈夫之所为，尔万不可学此卑鄙行为。”在第三封信中，郑板桥着重点出恃才傲物、动辄骂人的危害，郑板桥回忆平生，喜欢骂人，所骂之人都是些貌似文雅其实为狗屁不通的假斯文，对那些有真才实学之人，自己还是发自内心地佩服，但即便如此还是阻碍了自己的发展。“至今思之，犹如芒刺在背。”后面又勉励儿子，这次科考不要有太多的心理压力，即使考不好，也可作为下次考试的经验积累下来。这一言一句，至今读来仍让人感到一个慈父严训的温暖！

作者简介

郑板桥（1693—1765），名燮，字克柔，号板桥，世人习称郑板桥。清代书画家、文学家，江苏兴化人。乾隆元年（1736）进士，历官山东范县、潍县知县，有惠政。后因请求赈济饥民而触怒上司，辞官归里，晚年寄寓扬州卖画为生。为“扬州八怪”之一，以“诗书画三绝”名世。

潍县署中谕麟儿

字谕麟儿：寄来起讲四篇，惟《有朋自远方来》题，尚属无疵，其余三题，语句太嫌稚气，虚字间有不洽处，此系欠缺功夫所致，嗣后[1]宜奋勉用功。然初学有此成绩，资质尚属不钝，苟堪励志勤读，自能循序渐进。惟单读时文，无裨[2]实益，宜加以看书功夫，凡经史子集，皆宜涉猎，但须看全一种，再易他种，切不可东抓西拉，任意翻阅，徒耗光阴，毫无一得。阅书时见有切于实用之句，宜随手摘录，若能分门别类，积成巨册，作文时可作材料，利益无穷也。

尔禀所称五月廿一晚间失窃，并未入母亲卧室，四叔拟报官追缉云云。报告殊欠明晰，被窃何物，总计损失若干？尔虽不知物价，理当询明尔母，详细告我，如果损失不巨，不必追赃。窃贼固当执之于法，然彼为饥寒所迫，不得已铤而走险，不偷农户而窃宦家，彼亦知农民积蓄无多，宦室储藏丰富，窃之无损毫末，是即盗亦有道之谓欤？与其农家被窃，宁使我家被窃。尔可转禀四叔，不必报官追赃。只须以后门户留心。勿再使穿窬[3]入室可耳。尝谓古人见梁上有贼，呼之下，询明始末，善言规诫，并赠金令做小本经营者，其度量为何如耶？

注释

[1] 嗣后：以后。

[2] 无裨（bì）：无补，无助。

[3] 穿窬（yú）：亦作“穿逾”。挖墙洞和爬墙头。指偷窃行为。

潍县署中谕麟儿

字谕麟徵儿：李师赴宁乡试，放假二十日；尔当照常用功。一切家务，外事自有尔叔管，内事自有尔母管，何必要尔问讯。至于邻里亲戚，无论与我家有隙无隙，是亲是疏，在尔只宜尊之敬之，见面则谨执后辈礼，笑脸向人。岂可因族人背后讥笑我家，邻人曾窃吾家园蔬，遇尔尊称，尔竟置之不理，枉读圣贤书，全不解泛爱众之义。尔在少年时代，已积下许多嫌怨，将来管理家政，必致个个都是仇人，奚能[1]立身处世？古来贤人君子，无与乡党宗族不睦者。小怨不忘，睚眦必报[2]，乃属贱丈夫之所为，尔万不可学此卑鄙行为。兹得尔母来书报告，特此郑重告诫，谨遵勿忘。读书宜勤恳勿懈，看书宜细心有恒，观看《史记》，颇切实用，每日规定看十页，必须自首至尾，逐句看下，有紧要处，摘录读书日记簿；有费解处，另纸摘出，求解于先生。今年若能看完《史记》，明年更换他书。惟无益之小说与弹词，不宜寓目[3]，观之非徒无益，并有害处也。

注释

[1] 奚能：何能，怎能。

[2] 睚眦必报：语出《史记·范雎蔡泽列传》：“一饭之德必偿，睚眦之怨必报。”指像瞪一下眼睛那样极小的怨仇也要报复。比喻心胸极狭窄。

[3] 寓目：过目；观看。

再谕麟儿

吾壮年好骂人，所骂者都属推廓[1]不开之假斯文。异乎当世恃才傲物者之骂人：动谓人不如我，见《乡墨》[2]则骂举人不通；见《会墨》[3]则骂进士不通；未入学者见秀才考卷，则骂秀才不通。既然目空一世，自己之为文，必能远胜于人，讵知[4]实际非特不能胜人，反不如所骂之秀才、举人、进士远甚。所为不反求诸己，徒见他人之不通，自己傲气既长，不肯用功深造，而眼高手低，握管作文，自嫌弗及不通秀才，免得献丑，索性搁笔不为文，于是潦倒终身，永无寸进。

余壮年傲气亦盛，而对于胜我者，却肯低头降服。见佳文爱之不肯释手，虽百读不厌。故能侥幸成名，然亦四下乡场，始得脱颖而出，亦为傲气所阻也，至今思之，犹如芒刺在背。尔资质钝，赖李师辛苦栽培之力，得以冠年入场，初试原为观场计，李师与我，皆不望尔一试成名，不过有此一度经验，下届入场，便老练而不起恐慌。一试不售[5]，奚可即出怨言？只须自知文字不佳，下帷[6]攻苦，既有名师指导，进步较易，苟火到功深，取青紫[7]易如拾芥矣。细思吾言而方行之，予有厚望焉。

注释

[1] 推廓：扩展。

[2]《乡墨》：明清科举考试的乡试（考上了就是举人）中，把被主考和房官（帮主考评审、选录并推荐试卷的阅卷官）选中而刊印出来给考生示范的八股文试卷。

[3]《会墨》：与《乡墨》类同。

[4] 讵（jù）知：岂知。

[5] 不售：指考试不中。

[6] 下帷：放下室内悬挂的帷幕，引申为闭门苦读。

[7] 青紫：借指高官显爵。

寄内子及训诸子书

纪昀

导读

《寄内子论教子书》是纪昀给夫人的一封关于教育孩子的家书。纪昀的教子之方非常有见地，这也是他根据前贤往圣的经验教训再结合自己的心得总结出来的。加之又以家书的形式写出来，写得非常恳切真诚和简约。从十六个字的教子主张，可以看出纪昀的家风、学风，可以看出他对孩子教育独到的深刻的思考，属于教子有方。《训诸子书》中纪昀以在高位之身回顾一生，得出生活节俭、积德行善的认识。“自奉日守节俭，非宴客不食海味，非祭祀不许杀生。……不必再事戒杀修善，盖为子孙留些余地耳。”同时劝诫子孙，“勿持傲漫，勿尚奢华，遇贫苦者宜赒恤之，并宜服劳。”而且还专门“特购粮田百亩，雇工种植，欲使尔等随时学稼，将来得为安分农民，便是余子肖子。”在《训次儿书》中则训诫次子要自重知辱，不可盛气凌人。

作者简介

纪昀（1724—1805），字晓岚，晚号石云，道号观弈道人，直隶献县

（今河北沧州）人。清代政治家、文学家，乾隆年间官员。历官左都御史、兵部尚书、礼部尚书、协办大学士加太子太保管国子监事致仕，曾任《四库全书》总纂修官。纪昀学宗汉儒，博览群书，工诗及骈文，尤长于考证训诂。任官50余年，年轻时才华横溢、血气方刚，晚年的内心世界却日益封闭。其《阅微草堂笔记》正是这一心境的产物。他的诗文，经后人搜集编为《纪文达公遗集》。嘉庆十年(1805)二月，纪昀病逝，因嘉庆帝在御赐的碑文中评价其“敏而好学可为文，授之以政无不达”，故死后谥号“文达”，乡里世称文达公。

寄内子论教子书

父母同负[1]教育子女责任，今[2]我寄京华，义方之教[3]，责在尔躬[4]。而妇女心性，偏爱者多，殊不知爱之不以其道，反足[5]以害之焉。其道维[6]何？约言[7]之有四戒四宜：一戒晏[8]起，二戒懒惰，三戒奢华，四戒骄傲。既守四戒，又须规以四宜：一宜勤读，二宜敬师，三宜爱众，四宜慎食。以上八则，为教子之金科玉律，尔宜铭诸肺腑，时时以之教诲三子。虽仅十六字，浑括无穷，尔宜细细领会，后辈[9]之成功立业，尽在其中焉。书不一一，容后续告。

注释

[1] 负：担负。

[2] 今：如今。

[3] 义方之教：指教子。义方，做人的正道。

[4] 尔躬：你自己。

[5] 足：足够。

[7] 维：为，是。

[6] 约言：简单地说。

[8] 晏：晚。

[9] 后辈：指子女们。

训诸子书

余家托赖祖宗积德，始能子孙累代居官，惟我禄秩最高。自问学业未进，天爵未修，竟得位居宗伯[1]，只恐累代积福，至余发泄尽矣！所以居下位时，放浪形骸，不修边幅，官阶日益进，心忧日益深。古语不云乎？跻愈高者陷愈深。居恒用是兢兢，自奉日守节俭，非宴客不食海味，非祭祀不许杀生。余年过知命，位列尚书，禄寿亦云厚矣，不必再事戒杀修善，盖为子孙留些余地耳。

尝见世禄之家，其盛焉位高势重，生杀予夺，率意妄行，固一世之雄也。及其衰焉，其子若孙，始则狂赌滥嫖，终则卧草乞丐，乃父之尊荣安在哉？此非余故作危言以耸听，吾昔年所购之钱氏旧宅，今已改作吾宗祠者，近闻钱氏子已流为叫化，其父不是曾为显宦者乎？

尔辈睹之，宜作前车之鉴。勿持傲漫，勿尚奢华，遇贫苦者宜赒恤之，并宜服劳。吾特购粮田百亩，雇工种植，欲使尔等随时学稼，将来得为安分农民，便是余子肖子。纪氏之鬼，永不馁矣！尔等勿谓春耕夏苗、胼手胝足，乃属贱丈夫之事，可知农居四民之首，士为四民之末。农夫披星戴月，竭全力以养天下之人，世无农夫，人皆饿死，乌可贱视之乎？戒之戒之！

注释

[1] 宗伯：古代官职名称。周代为六卿之一。掌宗庙祭祀等事，即后世礼部之职。因亦称礼部尚书为大宗伯或宗伯，礼部侍郎为少宗伯。因纪晓岚曾担任过礼部尚书一职，故自称“宗伯”。

训次儿书

当世宦家子弟，每盛气凌轹，以邀人敬，谓之自重。不知重与不重，视所自为。苟道德无愧于贤者，虽王侯拥篲不为荣，虽胥靡版筑不能辱。可贵者在我，在外者不足计耳。如必以在外为重轻，待人敬我，我乃荣，人不敬我，我即辱，则舆台仆妾皆可以自操荣辱，毋乃自视太轻耶！先师陈白崖先生尝手题于书言曰：“事能知足心常惬，人到无求品自高。”斯真标本之论。尔当录作座右铭，终身行之，便是令子。

训长子汝舟

林则徐

导读

这三封信是林则徐写给他的大儿子林汝舟的。当时林汝舟考中进士后在京做官，身在湖广的林则徐便以书信对他加以训示。第一封信，先训诫儿子不要因“年才二十八，已成进士”便目空一切，并谆谆教其“一戒傲慢，二戒奢华，三戒浮躁”。此外，便是教育儿子居家生活要守得“勤敬与和睦”。在第二封信中，林则徐听闻家乡已有鸦片流入，便万分担心，在信中千般叮咛万般嘱咐“一失足成千古恨，吾儿须切戒之”“须知此物之毒，不减鸩酒”。在第三封信中，林则徐对居官与还乡发表了自己的一番看法，意在教育儿子不要被功名所累，特别提出：“服官时应时时作归计，勿贪利禄，勿恋权位；而一旦归家，则又应时时作用世计，勿儿女情长，勿荒弃学业，须磨励自修，以为一旦之用，是则用舍行藏，无施不可矣！”这种观点便是典型的儒家“达则兼济天下，穷则独善其身”的思想。

作者简介

林则徐（1785—1850），字元抚，晚号俟村老人等，福建省侯官人，是清朝著名的政治家、思想家和诗人。因其主张严禁鸦片，在中国有民族英雄之誉。林则徐在嘉庆十六年 (1811) 考中进士。后历任江南道监察御史、江苏按察使、江宁布政使、江苏巡抚等职，道光十七年（1837），升任湖广总督。这时鸦片已成为严重有害国家发展的一个毒瘤。道光十八年（1838），林则徐上书道光皇帝，力请禁烟。当年十一月，受命为钦差大臣，前往广州主持禁烟。次年，在虎门当众销烟。道光二十年（1840）一月，任两广总督，在广东沿海抗击英军的侵略。九月，受投降派诬陷，被夺职。次年充军新疆伊犁。道光二十五年（1845），被重新起用署理陕甘总督，转任陕西巡抚、云贵总督等职。道光二十九年（1849）因病辞职归籍。道光三十年 (1850)，奉旨为钦差大臣，赴广西镇压农民起义，途中在潮州普宁县（今广东普宁北）行馆中去世。死后赠太子太傅，谥号“文忠”。平生著有《云左山房文钞》《云左山房诗钞》《使滇吟草》等。所遗奏稿、公牍、日记、书札等辑为《林则徐集》。

一　训子汝舟

（告诫持躬宜勤敬和睦）

字谕汝舟儿：尔叨蒙[1]天恩高厚，祖宗积德，年才二十八，已成进士，授职编修[2]，是为侥幸成名，切不可自满。宜守三戒：一戒傲慢，二戒奢华，三戒浮躁。尔既奉母弟居京华[3]，务宜体我寸心，常持勤敬与和睦，凡家庭间能守得几分勤敬，未有不兴；能守得几分和睦，未有不发。若不勤不和之家，未有不败者也。尔昔在侯官[4]，将此四字于族戚人家验之，必以吾言为有证也。尔性懒，书案上诗文乱堆，不好收拾洁净，此是败家气象。嗣后务宜痛改，细心收拾，即一纸一缕，皆宜检拾伶俐，以为弟辈之榜样。勿以为是公子，是编修，一举一动皆须人服侍也。尔能勤，二弟皆学勤；尔能和，二弟皆学和；尔能孝，二弟皆学孝；尔为一家之表率，慎之慎之！

二　复长儿汝舟

（勿以稍吸为不足虑）

大儿知悉：刻接汝母书，家中大小均平安，甚慰。吾儿在京，身躯当亦如常，惟须加意调护，勿使万里外老人担忧也。广东起居饮食尚适，勿念。惟鸦片充斥，戕生[5]耗财，殊为可忧。闻此风已传至各地，故乡子弟亦有不幸染此癖者，殊属可恨！京中情况如何，有此毒物否？嗜此者，大率因夜眠不足，精神困顿，初则视为药品，以为稍吸无妨；继则惟知其害，而已欲罢不能矣！一失足成千古恨，吾儿须切戒之，勿以稍吸为不足虑，更勿以暂吸为不足成瘾，须知此物之毒，不减鸩酒，初吸之似可振起精神，实则饮鸩止渴耳。父闻人言，精神衰颓时，吸之有奇效；然犹人当贫乏时，出重利以借债耳，借款到手，似觉舒展，实则害已中于身矣。盖借明后日之精神，以助吾此时之精神耳。一吸以后，不吸便觉委顿，而瘾成矣。迨既成瘾，则虽吸亦无效，犹之人当债务满身时，不再借固无以存活，即借亦不过用以支付利息，未能受用，卒之[6]越弄越僵，不至毙命不止。吾儿须牢记之，慎勿堕入也。闻吾儿睡时甚迟，此甚不可，作事须有定时，朝早起而晚早眠，况京官究属清闲，不比外省官吏，一至夕阳在山，已可出部，何必弄至深更夜半。又闻吾儿极好宾客，人在外作客，友朋固不可少；然须择人而友。京官中虽多仕流，吾儿所交者，未必尽为匪人[7]，然亦不可不慎，言语亦宜谨慎。鸦片一物，更须屏绝，否则非吾子也。

元抚示

三　复长儿汝舟

（劝谕回籍）

大儿知悉：接来信，知吾儿三载在外，十月内将回籍一次，并顺道沿海路来粤一游，甚为欣慰。吾儿三载离乡，汝母汝妇，虽在家安居，然或则倚闾[8]望儿，或则登楼思夫。客子归乡，天伦之乐融如。吾儿有此家思，不以外物而撄情[9]，为父殊深喜许。父十一载在外，虽坐八轩[10]，食方丈[11]，意气豪然；然一念及家中状况，觉居官虽好，不如还乡。特以君恩深重，公务冗忙，有志未能申[12]耳。吾儿在都，位不过司务[13]，旅进旅退[14]，毫无建树；而一官在身，学业反多荒弃，诚不如暂时回籍之尚得事母持家，且可重温故业，与古人为友，足以长进学识也。男儿读书，本为致君泽民[15]，然四十而仕，尚未为迟，吾儿年方三十，不过君恩高厚，微幸[16]成名，何德能才，而能居此！交友日益多，志气日益损，阅历未深，而遽服官[17]，实非载福之道。为父平日所以不言者，恐阻汝壮志，长汝暮气。今吾儿既日知汲长绠短[18]，思告假回籍，孝以事母，静以修学，实先得吾心，又何阻为！惟有一言嘱汝者，服官时应时时作归计，勿贪利禄，勿恋权位；而一旦归家，则又应时时作用世计，勿儿女情长，勿荒弃学业，须磨励自修，以为一旦之用，是则用舍行藏[19]，无施不可矣！吾儿其牢记之。迩来[20]身体如何？须加意当心。父年事虽高，然精神甚旺，饭量更较前增高；汝母在家，亦甚康健，可勿深念。汝弟秋闱，虽蒙荐卷[21]，未能入彀[22]，此正才力不足，未可怨天尤人。闻甚郁抑，吾儿寄家书时，可以善言婉劝之，父有不便言焉。来书字迹颇潦草，何匆促至是？后宜戒之。

元抚手谕

注释

[1] 叨蒙：感谢、感恩。

[2] 编修：官名。宋代凡修前朝国史、实录、会要（用于记录一个朝代中各种规程制度及其变化的书）等，均随时置编修官，枢密院也设有编修官，负责编纂记述。明、清时编修属翰林院，编修正七品职位次于修撰，与修撰、检讨同称为史官。

[3] 京华：京城的美称。因京城是文物、人才汇集之地，故有此称。

[4] 侯官：旧县名。历史上的辖境大致为现今的福建省福州市区和闽侯县的一部分。

[5] 戕生：伤害生命。

[6] 卒之：最后，终于。

[7] 匪人：行为不端正的人。

[8] 倚闾：靠着家门向远处眺望。形容父母盼望子女归来的迫切心情。闾，古代里巷的门。

[9] 撄（yīng）情：扰乱情怀。撄，扰乱，纠缠。

[10] 轩：八人抬的大轿。

[11] 方丈：《韩诗外传》卷九："今如结驷列骑，所安不过容膝；食方丈于前，所甘不过一肉。"意指菜肴罗列之多。

[12] 申：同"伸"。

[13] 司务：官名。明代六部都设有司务。清代沿袭不改，除六部外，在理藩院、大理院等也设有此官。此官掌出纳文书及衙署内部杂务。

[14] 旅进旅退：与众人一起进退。形容跟着大家走，自己没有什么主张。《国语》："吾不欲匹夫之勇也，欲其旅进旅退。"旅，共，同。

[15] 致君泽民：语出《三字经》："幼而学，壮而行。上致君，下泽民。"意为上替国家效力，下为人民谋福利。

[16] 徼幸：亦作"邀倖"。侥幸，幸运。

[17] 遽：急，仓促。服官：为官，做官。语出《礼记·内则》："五十命为大夫，服官政。"

[18] 汲长绠（gěng）短：也作"绠短汲深"。语出《庄子》："昔者管子有言……褚小者不可以怀大，绠短者不可以汲深。"意为力小任重，不能胜任。

[19] 用舍行藏：语出《论语·述而第七》："用之则行，舍之则藏，唯我与尔有是夫！"后来，用来形容一个人的处世态度，当为世所用时，则积极努力地去做；当不为世所用时，则退而隐居起来。

[20] 迩来：近来。

[21] 荐卷：科举考试中被选荐的试卷。

[22] 入彀（gòu）：指弓箭射程之内。后以"入彀"比喻人才入其掌握，被笼络网罗。亦指应进士考试。彀，张满的弓箭。

致儿子书

张之洞

导读

为了把儿子培养成捍卫国家的有用之材，张之洞将儿子送到日本学武，在这封信里他谆谆告诫儿子要用功，力诫节俭。信中他对儿子“自幼即好弄，在书房中，一遇先生外出，即跳掷嬉笑，无所不为”的行为即已点出，可谓知子莫如父，于是这才将他送去日本学习军事，盼他能习武有成，终有一日能成为国之栋梁。为了督促儿子上进，他对儿子专门提出了几点要求：1. 他要求儿子将要攻读的学问完全学到手。不要怕劳苦，不要自恃出身高贵。2. 在做人方面，要放下贵家子弟的架子，把自己看成贫民，看成兵卒。3. 在生活方面要自己照料自己，绝不能沾染上嫖娼、赌博等不良恶习，以免荒废学业。这几封信，既有训诫又有慰藉，既有慈父的一面又有严父的一面，语言亲切朴实，爱子之情溢于言表。

作者简介

张之洞（1837—1909），字孝达，号香涛，时人称其为“张香帅”。清朝末期大臣，近代洋务运动代表人物。祖籍直隶南皮。同治二年 (1863)

中进士第三名探花。授翰林院编修，历任侍读、侍讲、内阁学士、山西巡抚、两广总督、湖广总督、两江总督、军机大臣等职，官至体仁阁大学士。光绪十年（1884）任两广总督，于中法战争中力主抗战。起用老将冯子材，收复镇南关。同时大办洋务，设水陆师学堂，创枪炮厂，开矿务局等。后调任湖广总督，开办汉阳铁厂、湖北枪炮厂等。光绪二十年（1894）调任两江总督，在甲午战争中是主战派，反对签订《马关条约》。著有《张文襄公全集》。

一

吾儿知悉：汝出门去国，已半月余矣，为父未尝一日忘汝。父母爱子，无微不至，其言恨不一日离汝，然必令汝出门者，盖欲汝用功上进，为后日国家干城[1]之器，有用之才耳。方今国是扰攘[2]，外寇纷来，边境屡失，腹地亦危，振兴之道，第一即在治国。治国之道不一，而练兵实为首端。汝自幼即好弄[3]，在书房中，一遇先生外出，即跳掷嬉笑，无所不为，今幸科举早废，否则汝亦终以一秀才老其身，决不能折桂探杏[4]，为金马玉堂[5]中人物也。故学校肇开[6]，即送汝入校。当时诸前辈犹多不以然，然余固深知汝之性情，知决非科甲中人，故排万难以送汝入校，果也除体操外，绝无寸进。余少年登科，自负清流[7]，而汝若此，真令余愤愧欲死。然世事多艰，习武亦佳，因送汝东渡，入日本士官学校肄业，不与汝之性情相违。汝今既入此，应努力上进，尽得其奥[8]，勿惮劳，勿恃贵，勇猛刚毅，务必养成一军人资格。汝之前途，正亦未有限量。国家正用武之秋，汝纵患不能自立，勿患人之不己知，志之志之，勿忘勿忘。抑余又有诫汝者：汝随余在两湖，固总督大人之贵介[9]子也，无人不恭待汝，今则去国万里矣，汝平日所挟以傲人者，将不复可挟。万一不幸肇祸，反足贻堂上以忧。汝此后当自视为贫民，为贱卒，苦身戮力[10]，以从事于所学，不特得学问上之益，而可藉是磨炼身心。即后日得余之庇，毕业而后得一官一职，亦可深知在下者之苦，而不致予智自雄[11]。余五旬外之人也，服官一品，名满天下，然犹兢兢也常自恐惧，不敢放恣。汝随余久，当必亲炙[12]之，勿自以为贵介子弟而漫不经心，此则非余之所望于尔也，汝其慎之。寒暖更宜自己留意，尤戒有狭邪[13]赌博等行为。即幸不被人知悉，亦耗费精神，抛荒学业。万一被人发觉，甚或为日本官吏拘捕，则余之面目将何所在！汝固不足惜，而余则何如？更宜力除。至嘱至嘱。余身体甚佳，家中大小亦均平安，不必系念。汝尽心求学，勿妄外骛。汝苟竿头日上，余亦心广体胖矣。

父涛示

五月十九日

注释

[1] 干城：这里比喻捍卫者。干，盾。城，城郭。

[2] 扰攘：混乱，纷乱。

[3] 好弄：喜欢玩乐。

[4] 折桂：比喻科举及弟。探杏：唐时进士在杏园举行“探花宴”，故以中

探花为探杏。

[5] 金马玉堂：汉代的金马门与玉堂殿，后世用以称翰林院。

[6] 肇（zhào）开：刚开始设立。

[7] 清流：喻指德行高洁负有名望的士大夫。

[8] 奥：奥义，即含义、要旨。

[9] 贵介：显贵。

[10] 戮力：勉力，努力。

[11] 予智自雄：妄自夸大，自以为是。

[12] 亲炙：亲承教化。

[13] 狭邪：原指小街曲巷，此指娼妓住处。

二

示谕吾儿知悉：来信均悉，兹再汇汝日本洋五百元，汝收到后，即覆我一言，以免悬念。儿自去国至今，为时不过四月，何携去千金业皆散尽？是甚可怪。汝此去为求学也，求学宜先刻苦，又不必交友酬应，即稍事阔绰，不必与寒酸子弟相等，然千金之资，亦足用一年而有余，何四月未满即已告罄[1]？汝果用在何处乎？为父非吝此区区，汝苟在理应用者，虽每日百金，力亦足以供汝，特汝不应若是耳。求学之时，即若是其奢华无度，到学成问世将何以继？况汝如此浪费，必非只饮食之豪，起居之阔，必另有所消耗[2]。一方之所消耗，则于学业一途必有所弃，否则用功尚不逮[3]，何有多大光阴供汝浪费！故为父于此，即可断汝决非真肯用功者，否则必不若是也。且汝亦尝读《孟子》乎？大有为者，必先苦其心志，劳其筋骨，饿其体肤，空乏其身，困心衡虑之后，而始能作。吾儿恃有汝父庇荫，固不需此，然亦当稍知稼穑[4]之艰难，尽其求学之本分，非然者，即学成归国，亦必无一事能为。民情不知，世事不晓，晋帝之何不食肉糜[5]，其病即在此也。况汝军人也，军人应较常人吃苦尤甚，所以备僇力[6]王家之用。今尔若此，岂军人之所应为！余今而后恐无望于汝矣。余固未尝一日履日本者也，即后日得有机会东渡，亦必不能知其民间状况。非不欲知也，身分所在，欲知之而不得。然闻人言，一学生之在东者，每月有三十金即足维持，即饮食起居稍顺适者每月亦无过五十金，今汝倍之可也，亦何至千金之赀[7]，不及四月而消亡殆尽！是必所用者有不尽可告人之处。用钱事小，而因之怠弃学业，损耗精力，虚糜光阴，则固甚大也。余前曾致函戒汝，须努力用功，言犹在耳，何竟忘之！虽然，成事不说[8]，来者可追[9]，而今而后，速收尔邪心，努力求学，非遇星期不必出校，即星期出校，亦不得擅宿在外，庶几开支可省，不必节俭而自节俭，学业不荒，不欲努力而毋努力，光阴可贵，求学不易，儿究非十五六之青年，此中甘苦应自知之，毋负老人训也。儿近日身体如何？宜时时留意。父身体甚佳，家中大小亦皆安康，汝勿念。

父涛白

八月初九日

注释

[1] 告罄：谓财物用尽。

[2] 消耗：逐渐减少，消失。

[3] 不逮：比不上，不及。

[4] 稼穑：耕种和收获。泛指农业劳动。

[5] 晋帝：指的是惠帝司马衷，字正度，晋武帝司马炎第二子，西晋的第二代皇帝，公元290—307年在位。司马衷于267年被立为皇太子，290年即位，改年号为永熙。何不食肉糜：语出《晋书·惠帝纪》："及天下荒乱，百姓饿死，帝曰：'何不食肉糜？'"

[6] 僇（lù）力：协力，通力合作，合力、尽力。

[7] 赀：同"资"。

[8] 成事不说：原指事情已成，不要再解说；后指事情已过，不要再解说。语出《论语·八佾》："子闻之曰：'成事不说，遂事不谏，既往不咎。'"说，解说。

[9] 来者可追：过去的事已无法挽回，但是未来的事还来得及赶上。语出《论语·微子》："往者不可谏，来者犹可追。"可追，可以补救。

塾中琐言

张行简

导读

这篇训诫因为所面向的对象不是家族子弟或兄弟子侄，而是塾中学生，所以不能称作家训，但它确实又是向众的训诫之言，所以也算是家训中的一个别类吧！而且这篇家训在中国的教育管理史上是有一席之地的。这篇文章的作者张行简曾为蒙师，他在教课授徒之余，则取书塾中琐事，条分缕析，一一记之，用作座右铭。所以此篇是专为蒙师而作的训诫，从将就馆承前师，到既去馆荐后师，其间各种事宜，均一一罗列。而且由于出自作者心得体验，所以本文与那些辗转抄袭者不同，多恳切之论，因此一直以来都为各个时代的教育者所钟爱，可以说是一部早期的教师行为规范与教育心理宝典的集合。

作者简介

张行简（1835—1906），字敬亭，号儒三，湖北汉阳柏泉（今东西湖区柏泉农场）人。15岁入县学，17岁为廪生，24岁列副榜，32岁中举。初任水部郎官，不久改任知县，又改选为蕲水县学官，候选国子监学正。

后弃官退居，以著书立说和教子孙读书为事。同治十年（1871），张行简将其父亲在柏泉张氏族居地的遗产水田十五石八斗，全部捐作祠（张氏宗祠）产，其收入用作祠堂训蒙义学。光绪十五年（1889）冬，张行简在西湖中绳草场旁黄脚湖修筑“救命墩”一座，以救助夏秋水涨船舶翻覆溺水之人。其著述有《四书研字集解》《啸孙轩攒存》《啸孙轩诗文集》《春秋分合纂》等。

端品

为师之道，端品为先，模范不端，则不模不范矣。不惟立言制行，随时检点，即衣冠瞻视[1]，亦须道貌岸然。

尽心

品固端矣，而不勤课学徒，则勤者虽知奋勉，莫指南针[2]；惰者日事荒延，丛生弊窦[3]。素餐尸位[4]，过将谁归？故设教又当尽心。

专严

官箴[5]有清、慎、勤三字，师范则有专、严二字。然严而不专，肃于外者，无所得于中，专则督课勤而无不严矣，故师道尤以专为主。

宽以济严

师严道尊，然亦视其家教以为衡。若家教素宽者，骤裁以严，懦弱之子必病，顽劣之子必逋[6]；至家教素严者，稍济以宽，使其恋恋塾中，教理更易入，是亦调刘之一方也。学规不肃者，却不得援为口实。

授徒心法

蒙徒颖悟，师不能强之使开也，须自变化气质；经徒学力，师不能强使之充也，须自推拓器识[7]。始气质化，则颖悟自开矣；器识拓，则学力自充矣。

诱掖奖劝

人生童年，得春令发生之气。善教者，总以诱掖[8]奖劝为主，即施教刑时，亦须用诱掖奖劝语。

教刑

先儒云：鞭挞之下，不令儿辈生好念。即学徒秀顽不一，亦有不得不齐以刑者。只须择一顽劣，惩一警众，却不必概施夏楚[9]。

学徒亲畏之分

课蒙徒[10]，要使其畏我；课经徒[11]，要使其亲我。使其畏易，使其亲难，然亲我中，仍自有畏我者在。

入塾勿骤定课

学徒初入塾，皆蓄精养锐而来，所温旧读经书诗文，类知趋熟避生，若据以定课，缓数日，精销锐减，而经书诗文之生疏者渐出，势必日形不足，故入塾经旬，始可定课。

课程渐进

且即入塾逾旬矣，未必尽澈[12]学徒之浅深也。初立课程，亦只量其姿力所逮[13]者，酌定十分之六七，再观后效，逐渐加增，则学者既有日进之功，教者亦损提撕之力。

塾规

朔望谒圣[14]，遵时制三跪九叩，塾师不可自废其礼，至早晚三揖，虽经徒，亦不可免。

学徒在馆，无分经蒙，举止动静，勿许粗心浮气；书本文具，勿许抛掷尘污。少成天性，习惯自然，将来读书有成，固征[15]器宇，即改图他业，亦易成材。

塾中出入，无分久暂，总须告假而行，虽经徒亦不得疏于防闲，其聪颖者，尤宜加意。

本务

品行心术，人情世故，尤属学人本务，须于课书文时，贯串言之，令其身体力行，庶乎内外交修。

末节

王公之子弟，子夏[16]之门人，尚教以洒扫应对进退，我辈敢置为末节乎？虽富贵家子弟，亦不可废。

识字

蒙童未经读书，先令识字，量其姿质，依《十三经集字》，次第教之，免致重赘。

辨声

字识熟矣，须令辨声。依正音平上去入，墨圈其角，有转音则加朱圈，数转音则数加朱圈，俾其[17]一目了然。

解义

四声辨矣，择取字义浅显、便于俗解者，与之讲解。由俗入雅、由浅入深、由显入微，总须因势利导，使其兴致勃然。

授读

授童蒙读，勿限遍数，须待其自能成诵，方令退归本位。稍长，则量其浅深高下，随读随解，至授读遍数，虽不能无所定限，临退位时，总令自读一遍，庶免舛讹[18]。

温理

学徒读书粗熟，每不耐心温理。限以多读，虚报塞责；勒以多背，又苦于门徒济济，势难周听。且多背之书，终不若多读，经久计，惟多读多背，相辅而行，庶遏其弊。

背诵

书熟口滑，辄多遗漏字句，甚至书文异同，互相错乱。须将遗漏错乱处，隐加标记，或挑令详背、或摘令默书，俾学徒知所矜心，不敢信口滑读。

学书

馆徒学书，与其判之于成幅之后，空劳改窜，曷若[19]督之于把笔之际，立予纠绳？

授讲

授讲经书，浅人浅解，深人深解，固不可以一律，总须四通八达，贯串言之。然非妙于语言者，浅解必难贯串；非邃[20]于讲章者，深解必难贯串。

注释

[1] 瞻视：观瞻，指外观。

[2] 莫指南针：缺少了指南针，意为缺少了指导。

[3] 弊窦（dòu）：弊病，弊端。

[4] 素餐尸位：空占着职位而不做事，白吃饭。素餐，白吃饭。尸位，空占职位，不尽职守。

[5] 官箴：古代汉族居官格言之类的著作。共一卷，宋代吕本中撰。

[6] 逋（bū）：逃亡。

[7] 器识：器局与见识。

[8] 诱掖：引导和扶持。

[9] 夏楚：古代学校两种体罚越礼犯规者的用具。后亦泛指体罚学童的工具。

[10] 蒙徒：学习蒙学的学生，相当于现在的幼儿园或小学的学生。

[11] 经徒：学习经学的学生，相当于现在的高中、大学的学生。

[12] 澈：同“彻”。摸清，摸透。

[13] 逮：到，及。

[14] 朔望谒圣：每月的初一、十五朝拜孔子的圣像。

[15] 固征：固然要征验。

[16] 子夏：姓卜，名商，字子夏，孔子的学生。

[17] 俾其：使其。

[18] 舛讹：错乱，错误。

[19] 曷若：何如。用反问的语气表示不如。

[20] 邃：精深。

授诗文

授初学诗文，须因时递进，不可躐取[1]高远，使读者食不知味。授成材诗文，须补偏救弊，不可胶执一格，使读者流而忘返。

改初学诗文

初学诗文，改窜[2]过多，失去本来面目，彼定无从捉摸。即有不合作法者，亦须因其文气顺之，而抑扬其词，明为批示，并附一拟作于后。

且不惟失去本面，无从捉摸也，改窜过多，阻其兴致，强者愤怒，弱者颓安，势必束高阁，而不加捉摸。我费苦心，彼仍隔膜，师弟之凿枘[3]不相入也，如是如是。

附一拟作，亦只量学徒深浅高下，指以南针，不得谓此文一出，何以见天下士乎？而遂展我才思，刻意为之，使学徒愈结疑团。

教优则学

虽然难言之矣，浅者之不可语深，犹高者之不能为下也。浅深高下，攸往咸宜[4]，是岂一骤几乎？故教优不可废学。

答问

疑者悟之几[5]，问者疑之启，故学徒勤问者，鲜不成材，至再至三，万勿盛气相加，阻其继进之路。

存疑

亦有义旨渊微[6]，教者了了于口，而听者学浅，不能了了于心。且须存其疑义，俟有进益，自能豁然；或于异时讲解，有可互相发明处，触类以旁通之。

勿遽开笔

蚕眠桑而茧结，蜂饱花而蜜成。初学于讲义文法，果能透熟，胸中无忧，不才思充沛，万勿见其年长，强令搜索枯肠，适以荒课程而销锐气。

且无论胸无一物也，即少有所得，亦不必遽令开笔。盍[7]观之花乎？含蕊久则其苞更大，其色更鲜，其谢较迟。

勿遽赴试

今人子弟读书，固系志在科名，但塾徒学力未充，却不可遽令赴试。不取则隳其锐气，幸取则启其骄心，无益有损，莫此为甚。而倩捉刀[8]，通关窍，更卑卑不足道矣。

习静

古云：静者心多妙。故习静有获，不特颖悟日开，即旧读经书，日久生疏者，亦可一温而熟。虽蒙徒未及解此，亦须令课余端坐，敛去粗浮，较之终日咿唔[9]，事半功倍。

从游

授经徒者，每于傍晚时分，听其闲坐，彼此互相讥嘲，不若携之出游，语以啸傲山水之乐，既可苏其精力，复可荡其心胸。

因时

学徒年已成童，而前途日事荒诞，毫不解个中趣味，须量其姿质相近者，导之先声，俾令日进有功，以鼓发其兴致，再为由此达彼，徐览其全。即不然一艺成名，犹愈于茫无所得。

就范

学徒颇有才思，而未获明师导引，致行文泛滥无章，骤正其缪，彼主先入之言，定形凿枘。须暂令阁笔，日取先正理法，清真之文，与之讨论，使彼自悟其非，就吾模范。

奖功

塾中奖功，须视其姿质为衡。鲁钝者，锐气易衰，虽一知半解，亦不妨极言嘉许；聪颖者，骄心易启，虽日新月异，亦不可过于揄扬[10]。

督过

塾徒越犯塾规，自应随时警戒，至小有差忒[11]，却不必频加督责，惟乘机讽以微言，使彼翻然改悔。数则生厌，教亦不行。

宿馆

少年血气未定，在在堪虞[12]。家塾有学徒，夜宿须出与连榻，以慎防闲；即晨昏启闭馆门，亦宜亲自检点。

勿固执己非

助我启予，圣人不以为耻。间有师讹[13]弟正，即不得固执其说，冀盖前非。弟子而为我愚，既自误，复误人；弟子不为我愚，势必将我所固执者，转质他人，则欲盖而弥彰矣。

宜曲覆人短

前师间有讹误，岂但不当吹求，且须曲为掩覆，勿启学徒以轻慢师长之渐。

禁委过前师

学徒初入塾时，遇有字句舛讹，讲义纰缪[14]，往往委过前师，急厉声色以诃之。学徒口滑，今日委过于前师，异日定卸罪于我，不可不豫[15]为之防。

宜汇告后师

乘移易先生之际，趋熟避生，诪张为幻[16]，此学徒通病也。而后师不加详察，遂疑前师之训迪无方。惟于卸馆时，将馆课条分缕析，汇书总单，交东家转告后师，遂杜其弊。

汇课程

且汇课程，不专为告后师设也。放馆时，均宜汇书一纸，慎为收藏，俾日后入塾，免致重寻头绪。

勿误人子弟

学徒成童，窥其才质，不堪儒业，及质可勉学，而父兄隔膜，不能玉成[17]者，须剀切[18]言之，俾令及早改图，慎勿模棱两可，误其终身。

勿诳人父兄

亦有父兄属望情殷[19]，不问其子弟秀顽，必期授以儒业者。须引五谷不熟，不如荑稗[20]之说，再三晓谕，匠作[21]主人模不得援以自解。

宜曲成佳子弟

弟子才堪造就，又复乐此不疲，而或家计贫寒，甚且父兄隔膜，阻其进修之志，苟可曲为成全者，务须破除体例。德慧术知，恒存乎疢疾[22]，玉汝有成，所关岂浅？

勿责礼仪

弟子之在塾也，师果训之以大义，通之以至情，他日即异途腾达，且终身敬感不忘，况科名出身哉？乃当日教育乖方[23]，一旦门生得志，徒以礼仪相责备，是利市也。纵或忘恩负义，咎在弟子，亦必始终不受其仪，而后可责其礼。

将去馆

将去馆之日，务须抖擞精神，将手经批点之件，重加考核，详纠谬讹，勿贻后人以口实，且征终身受用。

既去馆

宾东师弟，各存意见，去馆之后，自不便越俎代庖[24]。若有故而去，及宾东微隙，而弟子犹恋恋绛帷[25]，不能自主者，即不得听其迷惑，隳我前功，但从否，不复相强耳。

荐后师

有故而去，彼此依依，访以后师，势未便峻为拒绝。然须量所荐之人，与东家臭味相投，而子弟亦能仰遵其教，始可推毂。不然，宁使其自访数人，而代为折衷。

承前师

馆为前师推荐，无论其人贤否，固我之知己也。承接之际，馆政可仍者仍之，不可仍者，亦须渐次更张，勿萌改弦之迹。

虚心集益

愚者千虑，犹有一得，况我不必贤于他人乎？偶诣[26]友朋馆中，无论经蒙，其主有规程者，均须留心审择，善者从，不善者改，罔非裨益，特不必形诸齿颊[27]耳。

推贤让能

教如医然，全重补偏救弊，设学徒偏弊我补救之，而不对其方，即须推贤让能，免致积成痼病[28]，撤座辍讲。横渠子[29]岂贻笑后人哉？

注释

[1] 躐（liè）取：指用不正当手段获取。

[2] 改窜：指修改涂抹文字等。

[3] 凿枘："方凿圆枘"的省语。比喻两者不相投合。语出《楚辞·九辩》："圆凿而方枘兮，吾固知其鉏铻而难入。"

[4] 攸往：前往。咸宜：适时，适合。

[5] 疑者悟之几：有疑问说明离开悟就差不多了。几，将近，差一点。

[6] 义旨：宗旨。渊微：深沉精微。

[7] 盍：何不，表示反问或疑问。

[8] 而倩捉刀：请人代笔。倩，请，央求。

[9] 咿唔：象声词。多形容吟诵声。

[10] 揄扬：称引，赞扬。

[11] 差忒：差错，误差。

[12] 堪虞：可忧，令人忧虑。堪，可，能。虞，忧虑。

[13] 讹：错误。

[14] 纰缪：错误。

[15] 豫：同"预"。

[16] 诪（zhōu）张为幻：以欺骗迷惑别人。诪张，欺诳。

[17] 玉成：请人帮助或感谢帮助成全的客气话。

[18] 剀（kǎi）切：恳切规谏。

[19] 属望：期望。情殷：殷切的感情。

[20] 荑稗：为二草名，似禾，实比谷小，亦可食。荑，通"稊"。

[21] 匠作：工匠。

[22] 疢（chèn）疾：疵病，毛病。

[23] 乖方：违背法度，失当。

[24] 越俎（zǔ）代庖：主祭的人跨过礼器去代替厨师办席。比喻超出自己业务范围去处理别人所管的事。越，跨过。俎，古代祭祀时摆祭品的礼器。庖，厨师。

[25] 绛帷：绛帐。对师门、讲席的敬称。

[26] 诣：到，特指到尊长那里去。

[27] 齿颊（jiá）：谓口头谈说。

[28] 痼（gù）病：积久难治的病。

[29] 横渠子：张载，北宋思想家、教育家，理学创始人之一。字子厚，凤翔郿县（今陕西眉县）横渠镇人，世称横渠先生，尊称张子，封先贤，奉祀孔庙西庑。

示儿书

林纾

导读

这封书信是林纾在60岁时写给儿子的。当时是宣统三年（1911），儿子出任县令。林纾写此长信谆谆告诫儿子，遇事不可盛气而为，莫凭意气行事，要近人情、洞察幽微、主持公道。同时勉励儿子，县官“职分虽小，然实亲民之官”。作为一名深受儒家思想熏染的读书人，林纾劝诫儿子“汝能心心爱国，心心爱民，即属行孝于我”。这种尽忠即是尽孝的思想完全就是儒家的伦常观。此外，具体在判案断狱这样的一些“行政事务”中，林纾也不忘细细叮咛“披阅卷宗，宜在人不经意处留心”，要仔细推求，多与幕僚商议，勘察现场要随报随到，免得因迟生变，等等。在对待仆人的态度上则告诫“临之以庄，语之以简，喜愠不形，彼便不能测我之深浅”，以教儿子行事要有城府，此真可谓慈父不二啊！

作者简介

林纾（1852—1924），字琴南，福建闽县（今福州）人。近代文学家、翻译家。早年曾从同县薛锡极读欧阳修文及杜甫诗。后读同县李宗言家所藏书，不下三四万卷，博学强记，能诗，能文，能画，有“狂生”的称号。光绪八年(1882)中举人，后考进士不中。光绪二十六年(1900)，在北京任五城中学国文教员。所作古文，为桐城派大师吴汝纶所推重，后任北京大学讲席。辛亥革命后，入北洋军人徐树铮所办正志学校教学，推崇桐城派古文，后在北京专以译书售稿与卖文卖画为生。曾创办苍霞精舍——今福建工程学院前身。著有《畏庐文集》、《春觉斋题画跋》及小说笔记等。

谕珪子：尔自瘠区，量移烦剧[1]，凡贪墨[2]狂谬之举，汝能自爱，余不汝忧。然所念念者，患尔自恃吏才[3]，遇事以盛满之气出之，此至不可。凡人一为盛满之气所中，临大事，行以简易；处小事，视犹弁髦[4]；遗不经心之罅[5]，结不留意之仇。此其尤小者也。有司为生死人之衙门，偶凭意气用事，至于沉冤莫雪，牵连破产者，往往而有。此不可不慎。故欲平盛气，当先近情。近情者，洞民情也。胥役[6]之不可寄以耳目，以能变乱黑白，察官意之所不可，即以是为非；察官意之所可，复以非为是，故明者恒轻而托之绅士。然吾意绅不如士，士不如耆[7]。绅更事多，贤不肖半之，士得官府询问，亦有尽言者，然讼师亦多出于士流中，无足深恃。惟耆民之纯厚者，终身不见官府。尔下乡时，择其谨愿者加以礼意[8]，与之作家常语，或能倾吐俗之良楛[9]，人之正邪。且乡老有涉讼应质[10]之事，尔可令之坐语[11]，不俾长跽[12]，足使村氓[13]悉敬长之道。死囚对簿[14]，已万无生理，得情以后，当加和平之色。词气间，悯其无知见戮，不教受诛，此即夫子所谓“哀矜勿喜”[15]者也。监狱五日必一临视，四周洒扫粪除，必务严洁，庶可辟祛疫气。司监之丁，必慎其人，黠者可以卖放[16]，愿者或致弛防[17]。此际用人宜慎，宽严均不可过则，衙役既无工薪，却有妻子，一味与之为难，既不得食，何能为官效力？此当明其赏罚，列表于书室中。夫廉洁不能责诸彼辈，止能录其勤惰，加以标识。其趋公迅捷者，则多标以事；凡迁延迟久，不能速两造[18]到案者，必有贿托情事，则当加以重罚，不必另标他役；一改差，则民转多一改差之费矣。胥役以外，家丁之约束最难。荐者或出上官，或出势要，因荐主之有力，曲加徇隐[19]，则渐生跋扈；严加裁抑，则转滋[20]谗毁。要当临之以庄，语之以简，喜愠不形，彼便不能测我之深浅，当留者留之，宜遣者以温言遣之足矣。教民健讼[21]，务在必胜。轻躁之官恒左教而右民，庸碌之官又左民而右教，实则皆非也。士大夫惟不与教士[22]往来，故无籍之民，恃教为符，因而鱼肉乡里。若有司与主教联络，剖析以民情之曲直。教中宗旨，博爱而信天，吾即以天动之；彼迷信久，或可少就吾之范围。吾有《新旧约全书》一部，尔暇时翻阅，择书中语可备驳诘耶稣教之犯律违例者，类钞而熟记之。彼为教中人，乃不省教书，即以矛攻盾之意，庶免为教焰所慑。且判决教案，以迅捷为上；有司往往以延宕[23]为得计，久乃被其口实，至不可也。下乡检验，务随报即行，迟则尸变，且防两造久而生心，故不若立时遣发之为愈[24]。尸场以不多言为上，彼围观者，恃人多口众，最易招侮。此等事，尔已经过，可毋嘱。披阅卷宗，宜在人不经意处留心，凡情虚之人，弥纶[25]必不周备，仔细推求，自得罅隙[26]，更与刑幕商之，亦不可师心自用。凡事经两人商榷，虽不精审，亦必不至模糊。其余行事，处处出以小心，时时葆我忠厚。谨慎须到底，不可于不经意事掉以轻心；慈祥亦须到底，不能于不惬意人出以辣手。

吾家累世农夫，尔曾祖及祖，皆浑厚忠信，为乡里善人，余泽及汝之身，职分虽小，然实亲民之官。方今新政未行，判鞫[27]仍归县官。余故凛凛戒惧，敬以告汝。不特驾驭隶役丁胥，一须小心，即妻妾之间，亦切勿沾染官眷习气。凡事须可进可退，一日在官，恣吾所欲，设闲居后何以自聊？余年六十矣。自五岁后，每月不举火者可五六日。十九岁，尔祖父见背[28]，苦更不翅[29]。己亥，客杭州陈吉士大令署中，见长官之督责吮吸[30]属僚，弥复可笑。余宦情已扫地而尽，汝又不能为学生，作此粗官，余心胆悬悬，无一日宁贴。汝能心心爱国，心心爱民，即属行孝于我。尔曾祖父母以下至尔嗣父及尔生母，凡六大忌，用银十二两。此十二两，余欲以汝所得者市鱼肉报飨[31]。

余随时尚有训迪。此书可装池，悬之书室，用为格言。

注释

[1] 烦剧：工作量非常巨大。

[2] 贪墨：贪污。语出《左传·昭公十四年》："贪以败官为墨。"杜预注："墨，不絜之称。"

[3] 吏才：为政的才能。

[4] 弁髦（biàn máo）：古代男子行冠礼，先加缁布冠，次加皮弁，后加爵弁，三加后，即弃缁布冠不用，并剃去垂髦，理发为髻。因以"弁髦"喻弃置无用之物。弁，黑色布帽。髦，童子眉际垂发。

[5] 罅（xià）：喻事情的漏洞。

[6] 胥役：胥吏与差役。

[7] 耆（qí）：年老，六十岁以上的人。

[8] 谨愿：诚实。礼意：恭谨接待，表示敬意。

[9] 楛：通“苦”。

[10] 质：责问。

[11] 坐语：坐谈。

[12] 不俾长跽：不使长跪。俾，使。跽，长跪，挺直上身两膝着地。

[13] 村氓：亦作“村甿”。泛指乡民、农人。

[14] 对簿：本指受审讯和质讯，此指验证身份。

[15] 哀矜勿喜：指对遭受灾祸的人要怜悯，不要幸灾乐祸。语出《论语·子张》：“上失其道，民散久矣。如得其情，则哀矜而勿喜。”

[16] 卖放：受贿私放。

[17] 弛防：解除防备。

[18] 两造：指诉讼的双方，原告和被告。

[19] 徇隐：徇私隐瞒。

[20] 滋：生出。

[21] 教民：清末泛称信奉天主教或基督教的中国人。健讼：喜好打官司。

[22] 教士：教会的传教人员。

[23] 延宕：拖延。

[24] 愈：较好。

[25] 弥纶：统摄，笼盖。

[26] 罅隙：嫌隙。

[27] 鞫（jū）：审讯。

[28] 见背：去世。

[29] 不翅：不啻。

[30] 吮吸：用嘴吸。亦比喻榨取、伤害。

[31] 飨（xiǎng）：祭祀。

推动全社会进行儿童“读经”教育，传承中华民族五千年璀璨文化

1995年3月，在一次全国政协会议上，以赵朴初老先生为代表的九位文化老人，向全国政协提交了一个提案，这个提案的题目是《关于建立少儿古典学校的建议》。在这个提案中，几位老人忧心忡忡地说，中国的传统文化，特别是“读经（诵读古代经典）”这样的一个文化传统可能会中断。而一个文明是必须借助于它的“经典”来承载它的核心价值的，一旦我们的民族，我们的后人不再“读经”了，“经典”中传承的我们民族的核心价值被人遗忘，那么这个民族的文化就会出现危机。

一个世纪以来，历经几代的中国人，基本已经没有几个人会“读经”甚至能读懂古代经典了！回思“五四”新文化运动带来的文化变革，崇尚科学、民主、文明的提出为整个民族进行了一次大“手术”的这一伟大历史功绩是不容忽视的，但是不是全民族的文化素养就因此提高了呢？历史不能以重复实验来作比较。如今我们每个个体，乃至整个社会都切身地感觉到一点：语文素养不够，心量不广，自私自利，涵养不深，理想庸俗苍白，物欲横流，功利主义盛行，同时社会正义感日渐削弱。尤其是近年来犯罪率的不断增高，而犯罪年龄层的降低，校园暴力事件时有发生，显示了人心的极度空虚，人生方向感的缺失。究其原因，是整个社会只顾发展经济，而忽略

了对整体国民文化素养的提升。如今广大有识之士也愈来愈强烈地感受到：没有自我文化的民族，纵使经济发展再快，最终也难以参与世界文明的创建。回思古代四大文明古国，而今能完整存留下来的只有中国。这是偶然吗？是什么支撑了这个民族五千年的大一统而不碎裂，是文化，这个传承了五千年未间断的华夏文明将我们这个民族死死地黏合在一起。所以从任何一个角度来说，华夏文玥永远是令我们每一个国人引以为自豪的财富，而不要将其视为包袱、负累的东西。

“读经”的历史背景

取缔“读经”从民国建国开始。1912 年 1 月 19 日，当时的第一任教育总长蔡元培下令：“小学堂读经科一律废止。”一刀之下这条连接文化的脐带被斩断了。1912 年 5 月，当时的民国政府又下了第二道法令：“废止师范、中、小学读经科。”于是不仅没有“读经”的学生，也没有了可教“读经”的教师。同年 7 月，蔡元培在全国第一届教育会议上提出“各级学校不应祭孔”的议案。他认为，祭孔是宗教迷信，而想以“美育”来代替“宗教”，学校祭孔之风从此也停息了。这个改朝换代多少次都未被推翻的中华民族文化图腾式的人物不得不寿终正寝了，从此标志着华夏古老文化在人们意识形态中的存在也渐渐被湮灭。这连续的三个动作，成为中华民族文化出现断层的开始，是中国教育史上应该记录的大事。而等到 1917 年，白话宣言出来；1919 年，“五四”新文化运动兴起；1920 年，教育部听从胡适之的建议，将国小语文课全部改用白话以后，中国人便从此渐渐连一般的古文都看不懂了，更不用说“读经”了。

多年来，在我们的意识深处一直忽略了一个事实，那就是文言、白话本来是可以并存的，也忘了文言是白话的基础，我们几乎没去注意千古以来，经史子集，所有书籍的体裁大体都是文言文。古人只要用三五年时间学会读文言文后，那么上下几千年的一切书籍便皆可游览其中。文言文不仅不是文化传播的障碍，反而是一种文化传承的最重要载体。不能读文言文，就等于不能读古典书籍，就永远得不到传统文化的熏习。这必然使我们民族的文化传承产生断层，甚至消亡。而丧失其传统文化素养的人，很容易同时丧失其理性的反省力与综合的创造力。众所周知，古代文学巨匠施耐庵、曹雪芹，虽然他们创作的小说都是古代白话小说，可他们哪个不是饱读诗书的古文高手？再如近人胡适之，他的白话文写得好，其实并不是天生的，他是从 4 岁开始就读文言文了，11 岁开始读《资治通鉴》，13 岁读《左传》！其他“民国”二三十年代的白话文作家，如徐志摩、朱自清、鲁迅、老舍、钱锺书、沈从文、林语堂、梁实秋等，哪个不是满腹经纶呢？

“读经”是培养全社会文化素养的一座桥梁

在进行经济建设的同时，照顾到文化、民风的恢复，最简便有效的办法，就是从现在起教儿童“读经”。最直接的结果就是二三十年之后，人心自然较为敦厚，社会上君子之风盛行。二十一世纪既已来临，希望未来的中国，将成为一个“有天地之心，有生民之爱”的民族，一个为世界诸国所敬仰的礼仪之邦，能带给世界永久和平与安乐的大国！

而中国经典的研读正是使中国人一面提升语文文化素养，一面启发理性、开拓胸怀的最直接有效的教育。因为从语文方面来说，“经典”皆是最优美的文言文，所谓“文皆自六经晓”，有了经典的语文训练，再看其他的古文书籍就不在话下了，能读古文，对白话文的赏析、写作也必会产生潜移默化的影响。从内涵方面来说，“经典”是人生智慧的源头，是为人处世的准则。要修身养性，通达事理，读经是最为便利直接的途径。“经典”更是文化的根源所在，有了根源性的文化培养，很容易开发出一个人的理性，而涵养出深广的心胸和能力。一个中国人，只有具有内涵深厚的传统文化底蕴，才有能力将自身的全面素质完全提供于世界。一个专业技术人才，具有了深广的中国传统文化的素养，不但不会妨碍他们的专业成就，反而将因此使他们更富有创造性的心灵。记得当年，曾有人问华裔诺贝尔物理学奖获得者李政道童年的学习历程时，他说：“我儿时上学时数学就非常好，可父亲却坚持不让我只钻数学而是诵读四书中的《孟子》。现在回忆起来，我的一生从这方面真是获益颇多……”因为只有具有传统文化素养的人，才有全面而深刻的眼光来鉴察其他不同文化，才有足够的能力来学习他人的文化。看看中国二三十年代社会各个领域的“大家”们，哪个不是学贯东西，哪个不是经过严格的“读经”教育而奋起批判、扬弃地选择西方文化的？所以，即使想要深入地吸收西方文化，也须自己先打好基础！否则，所吸收的，必然停留在肤浅的枝末上！所以，消极的企图“全盘西化”的想法，对于一个具有五千年璀璨文化的东方民族来说，是不适宜的，也是行不通的。所以，以自我为主体有选择地吸收西方文化的精髓，消融并转化，使西方文化之精粹“化归”为我们的营养，以此更加充实自我的生命，这才是一条“中庸”之路。当然，要达到这个理想，必须先要健全自我的文化体制，只有自我文化体制健全了，才足以谈到“消化西方文化”。而要健全自我的文化体制，“读经”正是一条便捷有效之路。提倡全民“读经”，正是恢复民族文化活力的契机。

语文的学习，大致分为技能性、实用性的一面和文化性、永恒性的一面。技能性的学习大体是认字、写字的问题，实用性则照顾到现实中所需运用到的口语交际，书面表达等实际应用。依照当今的教育理论，如今的小学语文课本，大都只是照顾到这些现实技术层面的东西。而儿童所能知所需用的东西甚为简单，因此，语文课本的内容也就跟着简单化了，乃至被后来国学大师钱穆先生批评为“小猫叫，小狗跳的教育”。如此教下去，到了初中、高中，他除了认得一些字外，其他的语文能力和人文素养便越发显得不够用，再想重新打基础，可由于生活学习的忙碌，能真正吸收的就少之又少了。若不是大学中文系的学生，一生便只能持有高中的语文能力和人文素养，直接的结果就是语文程度低落和人文素养苍白。早年，笔者上学期间，一个教《文选》的老师提到他的父亲时说：“我在大学三年级时有次和父亲通信，父亲只上过三四年的私塾，可是当时他写信过来，我这个大学三年级的学生竟然一时被憾动了，他的文采我真是自愧不如，后来这个谜一直困扰着我，为什么一个只上过三年私塾的农民竟然有那么深的文学素养，这还不算其他方面的素养……”由此看看十余年的语文教育，我们浪费掉太多的资源。古人所谓十年寒窗，他可以学到具有一生受用不尽的为学、为人、为文、为政、为商等各个方面的基础。翻开历史，看看今天，此种教育成就着实可以让我们反思一下。

“读经”的教育尤其要从儿童时期开始，因为等到初中、高中青少年时期孩子的性情“沸腾”起来，就来不及了。与其到时“扬汤止沸”，不如及早“釜底抽薪”，此即古人说的“童蒙养正”。“养正”之方，应以“读经”为最方便！由此可见，少时读经是一种最简易可行但却最实际有效的救助文化、扶持人心的方法。

曾有日本学者，认为汉字最能训练图形智力，所以在幼儿园教日本小孩认汉字，他的方法是：每天让儿童念一首中国诗，只念十分钟，便挂在教室后面不管，明天再换一首。三年下来，一个幼儿园大班的儿童，可以认得一千多个汉字，比日本高中生还多。此法如应用在国内，以“读经”的方式教导，光从认字的价值来说，那么三年的幼儿园“读经”，可能认得三千字至五千字以上，在他升上小学一年级时，便可顺利阅读。如能提供无限的课外读物，六年之间积累的知识还愁他不会造句，不会作文吗？读书涵养内韵，自然便少了许多孤独的灵魂和暴躁的生灵！

经典学习的科学依据

从儿童心理及生理发展的角度来看，早期教育是必要的。儿童的心理发展同生理发展一样，遵循“用进废退”的原则。研究表明，学龄前儿童是大脑生理发展最快的时期，出生后第一年大脑发展的速度最快，在此期间如果给予足够而合理的刺激，就会促进大脑的发展，如果缺乏生动的社会性刺激，就会阻碍他们的智力发展，以致影响以后的发展和学习。美国心理学家布卢姆认为个人的智力发展，若以他17岁达到普通智力水平（算作100%）相比，4岁时会达到35%，4岁至8岁又增加30%，剩下的20%是在8岁至17岁获得的。可见，早期教育在人的发展中是非常重要的。

研究表明，人的一生，大脑神经元系统可以改造，即大脑可塑，可以不断完善。当然，随着年龄的增长，可塑的难度也越来越大。早期教育要注意科学性，并不是单纯着眼于一个“早”字，应根据儿童的生理和心理发展的客观规律，从孩子的实际出发，因材施教，科学地进行。根据国内外研究资料证明，在人的心理发展过程中，有三个“关键期”：2至3岁，6至7岁和11至12岁。所谓“关键期”，是指在儿童的认知水平、个性特征和行为活动等各个方面，都由量的积累而产生一个质的变化。在这三个关键性的年龄阶段中，有两个年龄阶段是处在学前期（3至7岁）。研究表明，学龄前孩子在言语、思维等方面的发展中，表现出了明显的质变：2至3岁是儿童口头语言发展的关键期；4至5岁是儿童口头语言发展的第二个质变期，也是学习书面语言的关键期；2至3岁是计数能力发展的转折点；5至6岁是数字概念发展的转折点；3至5岁是音乐能力发展的关键期；3至8岁是学习外语的关键期；2岁半至3岁是教孩子怎样做到有规矩的关键期；3岁是培养孩子具备独立性的一个关键期。儿童经典诵读教育，就是抓住儿童身心发展中的这些“关键期”，进行相应的开心的启智教育。

儿童经典教育专家们对经典教育活动概括为两个重点，即是：自小就让儿童接触“最有价值的书”“永恒之书”。只要有价值，不管艰深不艰深。从教法上说，就是要他反复念，乃至会背诵！只要能背，不管懂不懂，即达到了经典诵读教育的目的。

最初，人类有两大学习能力，即记忆力和理解力。记忆犹如计算机数据的输入和保存，理解犹如程序的设计和应用。记忆是基础，理解是应用，二者缺一不可。但记忆力和理解力在人生成长过程中的发展曲线是不同的，依据人类学家和心理学家的研究，一个人的记忆力发展是自零岁开始的；1至3岁即有显著的发展；3至6岁，其进展更为迅速；6至13岁，则为一生中发展的黄金时期，至13岁为一生记忆力的最高峰，以后最多只能保持此高点。往往20岁以后，心境一不平衡，便有减退的可能。而理解力的发展，与记忆力大有不同，理解力也是自零岁开始酝酿的，1至13岁总是缓慢上升，13岁以后方有长足的进展，18岁以后渐渐成熟，但依然可因为经验及思考的磨炼而一直有所进步，直到老死为止。我们提倡儿童“读经”教育，即是要利用孩子儿童期的记忆力，记下一些永恒的东西。

王财贵教授曾有过一段非常生动的叙述：有些人认为理解才重要，认为叫一个不理解文意的人背书，是不应该的，认为那是“填鸭”的教育，所以特别讥之为“死背”“食古不化”而反对之。殊不知，该“死背”的时候，就须“死背”，应“食古”的地方，就须“食古”，这正是合乎人性的教育。他如果善于背而给他背，他很自然就背上了，怎可说是“填鸭”呢？“填鸭”，是鸭胃小，吃不下，硬填，填了不消化，现在，儿童背诵的能力强得很，好像一头有四个胃的牛，给他“读经”，应该比喻为“填牛”！填多了，他慢慢“反刍”去！你现在不给他好好的“吃”几本经典，正是“饿牛”，等他长大了，一点本领也拿不出来。所以这时不给儿童背诵，正是浪费他的时光，遏制他的成长。

在儿童时期，让他在语文学习上“死背硬记”“食古”，犹如计算机的输入数据，愈多愈好，选择愈珍贵的愈好，“食古”多了，其中自会有所酝酿发酵，将来他的理解力达到了，或生活经验的时机适合了，自然会“活用”出来。

生命是难以测度的，你安知“食古”一定“不化”？依认知心理学家的观察，记忆多的人，其理解力也相对提高，其想象力也比较丰富，试问古今的伟人哪个不是记忆力超群。毛泽东到了晚年忽然想起一首学生时代看过的古诗，只是不知作者了，让田家英去查阅。后来田家英回忆，毛主席的记忆真是惊人，已过五十多年了，一首很不起眼的诗，主席竟默得只差一个字。为什么毛主席会有如此惊人的记忆呢，周总理曾评价过四个字：“死记硬背。”

应该说，儿童接受经典教育，接受传统文化的熏陶，是要他长远地默默地变化其气质，使他的生命表现出某种深度，以提升人格质量，造就人才。这是人类天经地义的期盼，这是教育工作者及所有家长的责任！当今社会问题越来越多，问题出在哪？不在经济上，也不在孩子聪明不聪明上，甚至也不在孩子知识够不够的问题上，而是文化教养的问题上，是人的自我破坏。我们社会必须重植文化之根！而重植文化之根的最简易可行之策即教儿童“读经”，使他们及早得到道德文化修养的浸润。

石孝义

2016.10.21—2017.4.10 草稿完成

2019.7.18—2019.9.27 二校完成